与最聪明的人共同进化

HERE COMES EVERYBODY

U0158133

湛庐 CHEERS

CHEERS
湛庐

赵思家　著

我的大脑好厉害

Oh
My Brain

北京联合出版公司
Beijing United Publishing Co.,Ltd.

献　给　如　饴

老师不教但你最该了解的一门课

我始终觉得最被低估、最被一般人所忽视的学科是脑科学。

因为人类的终极问题中不少是和脑科学相关的：什么是意识？精神和物质的关系是什么？借助人工智能，我们可以永生吗？这些大问题的解答，都依赖于脑科学的发展。《科学》杂志作为科学界的顶级期刊，在2005年和2020年两次汇总了人类需要回答的最具挑战性的问题，如果你扫一眼问题清单，就会发现不少都是脑科学的问题。另一方面，和我们生活息息相关的"小"问题也和脑科学相关。人为什么要睡觉啊？为什么我打电子游戏时注意力高度集中而做功课的时候却老走神呢？

这些问题都和脑科学相关。但是为什么我们总觉得大脑很神秘？为什么这些知识小学和中学不教呢？甚至到了大学，这些与世界之奥秘和生活之规律相关的知识还是不教呢？

　　我姑且猜猜原因。一是这些问题和脑科学、心理学都相关，把它们用一个课程讲清楚挺困难的。目前学校教育的古板的条块分隔让这些知识难以传递。二是脑科学的大发展也就最近 20 多年的事，大量问题的解答并不成熟，而我们的教育倾向于讲授有相对确切答案的知识。

　　所以，脑科学虽然重要，既深刻又有用，但就是难以科普，难以讲清楚。你手上拿的这本书可能会给你一个不同的体验。赵思家博士目前在牛津大学做博士后，也是我的科研合作者，科学训练扎实而充满对科研的热情。更重要的是，她能把脑科学讲得有趣而且生动。所以，你会在这本书里面看到很多好玩的脑科学知识。小孩能听到大人听不到的声音吗？麻味和辣味不是味觉那是什么"觉"？！为什么会有一见钟情？听音乐做作业到底好不好？

　　你看，你是不是特别想知道这些问题的答案？它们是不是勾起了你的好奇心？对，好奇心其实是学习的原始动力之一，那我们就从这本书开始来认识我们厉害的大脑吧！

　　提醒一下，这本书不是脑科学的知识罗列，系统介绍学科那是教科书做的事情。甚至，书里面很多问题并没有被完全解答，或者有些答案 N 年后会被证明是错的。这，就是脑科学这个年轻科学的特点。

　　欢迎你来到脑科学的新奇世界。

魏坤琳

北京大学心理与认知科学学院教授

脑科学是怎样改变我的

我一直希望能有机会进入名校读书。

我为此做了很多努力，但 17 岁的时候还是被剑桥大学给拒绝了。当时查询结果需要直接给剑桥大学打电话，我还记得那是一个晚自习的课间，我专门到厕所里打的电话。

知晓结果后，我有点蒙。站在茅坑旁边，我傻乎乎地想了很多问题。为什么呢？我到底输在了哪里？是不是不够自信？是不是不够聪明？还是不够努力？……那些问题就像旋涡一样让我深陷其中，我好像很理性地在分析，又好像很情绪化地不想停止对自己的质疑。

我当时感觉自己好像输了什么，又不太确定。我不是非去剑桥读书不可，但愿望落空的那一刻，我觉得有些不可思议。它让我意识到，我不够出色，出乎意料的是，这一点意外地让我非常难过。

不甘于平庸，努力成为一个不平凡的人。我相信这个理念在今天依然是教育的主流。

在追逐"成为不平凡的人"的过程中，我遇到了很多比我更聪明、比我更有毅力、比我更能沉得住气，哪怕只是在一些小技巧上比我更有天赋的人。每当我意识到自己在某一方面可能只是普通水平的时候，我多少会心有不甘。凭什么别人在这方面比我强？这种不甘的感受甚至会被放大到觉得自己处处不如人、事事不如意。

落榜剑桥之后，我去了伦敦的一所大学，叫伦敦大学学院。这个学校在中国没什么名气，但其实是一所好学校。在那里我误打误撞地选了"神经科学"（neuroscience）为大学专业。这是一个以研究大脑为核心的专业。我选这个专业有两个原因：其一，它是我们大学最好的专业，世界排名第二，既然我不能去一个世界排名第二的大学，那我得在专业上"找点儿安慰"；其二，也是更重要的原因是，我期待能找到一种让自己变得更出色的方法，它可以是变得更聪明、更有口才、更有音乐天赋、更有创造力，或是仅仅提高记忆力。

但对大脑了解更多之后，我反而放下了这些执念。我第一次感受到学习是一件多么快乐的事情，不是为了考试得更高的分数，也不是为了在朋友圈炫耀自己的博学多才。大脑的美惊艳了我，我意识到自己的大脑真的好厉害，而我的存在本身就是一个奇迹。大脑能让我感受自己想感受的、选择自己想获得的东西，这本身就弥足珍贵。

可以说，神经科学让我客观地认识了自己，从一个客观的角度来观察自己的存在，并发现自己无论平凡还是不凡，都十分珍贵。

博士毕业后，我来到牛津大学从事神经科学研究工作。

第一次给大一学生上课的时候，我观察着他们，暗自将十年前的我与他们做比较：为什么十七岁的我没有机会进入牛津大学、剑桥大学这样的学校呢？和他们相比，当时的我缺少什么呢？我想我缺少的大概就是那份少年人该有的好奇心吧！

知识不应该和考试成绩画等号，它自有其独特魅力和价值。阅读也不仅是为了完成任务，它能带来游戏和美食无法带来的满足感。

我希望这本书能够给你打开一个新的世界，一种新的看待自己、与他人相处、与世界相处的方式。

赵思家

2021 年 1 月 1 日清晨

于英国伦敦

Oh My Brain

指　南

本书使用攻略

说话要言之有理，但有理还不行，还应该有据。

——呃，我说的

玩游戏的时候，我最讨厌游戏开始前出现的"入门指南"，因为好的设计无须指南。

但我还是想在此献上本书的"使用攻略"，解释一下本书的结构及阅读本书的注意事项。如果你和我一样讨厌"新手村任务"，则完全可以跳过这一节，但我觉得你不会对它失望的。

01　第一个问题：本书的哪些内容可以跳过？

这个问题有点奇怪，我猜你可能是第一次遇见一本书的作者直接告诉你哪些内容可以不看。

本书一共有六篇，分为 55 节。

因为每节都相对独立，所以你可以直接看目录，跟随自己的好奇心，翻到你感兴趣的问题所在的页码。但在阅读过程中，你可能会遇到一些看不懂的地方，那你就要翻回相应的页面去"抱抱佛脚"。

最佳的阅读方式还是从头开始看。我个人认为第一篇和最后一篇是全书最难的部分。第一篇（基础篇）的不少内容是高中，甚至大学二年级才会学的知识，专业词汇很多，第一次看会有些吃力，但请你一定要试试。只要你能够坚持读完第一篇，即使没有完全消化所有内容，读后面几篇也会简单很多。而最后一篇（未来篇）则和人工智能有关，有很多抽象的描述，可能需要坐下来细细阅读。

大多数小节需要 5 ~ 10 分钟阅读，有个别小节可能需要 15 分钟。你也可以顺便计算一下你的阅读速度。本书不适合速读，所以请不要着急。

每一节除了主体内容以外，还可能会出现一个边栏和三个专栏。它们分别为：

- 大脑热词

本书中大多数和大脑相关的词汇，我会用中英双语注明。试一试用英语的定义来理解它吧！开始可能会有些吃力，但你看完这本书的时候，说不定就适应了。希望这本书能让你习惯在学习科学知识的时候同时学习英文语境的思考方式。与此同时，"大脑热词"也可以作为知识点指引来使用。建议你看完每篇后，再快速地翻一遍，只看这些热词就可以了，做一个快速的巩固。此边栏一定不要跳过！

- **像科学家一样实践**

有些是需要动手做的小实验，能帮助你更好地理解一些抽象内容；有些则需要你上网查资料，对感兴趣的话题进一步探索也是科学家的日常工作。在科学的世界里，永远不要相信一家之言。如果要做实验，未成年人请在家长的陪同下完成。此专栏可以跳过。

- **像科学家一样思考**

一个人只有把所知所见都结合在一起考虑，才能真正理解、掌握这些知识并吸收，为己所用。如果一个人拥有大量的知识，却未经自己头脑独立思考，这样的知识远不如量少但经过认真思考的知识有价值。所以，我留给了大家一个"胡思乱想"的时间：这些知识让你联想到了什么？有没有解答什么问题？它们又让你产生了什么新的困惑？此专栏建议不要跳过。

- **大脑速记**

这个专栏设置在每节的最后，会提炼出关于脑科学的核心知识点或常识，帮助你快速回顾和吸收阅读的内容。此专栏建议不要跳过。

每一篇结束时，我都会用一个思维导图（mind map）来总结该篇的内容。这时，先别急着继续读下去，请停下来思考一下：你是否还记得这一篇讲了什么？哪些内容让你印象最深刻？

再想想，有没有什么地方让你觉得特别有趣、想更深入地了解，但我没有继续展开讨论？试试使用搜索引擎（谷歌、百度、搜狗或其他）搜索一下相关关键词，相信你能找到更多、更新的内容，甚至你可以搜索有没有相关书籍可供查阅。

最后回想一下，这篇里有没有什么地方让你觉得特别难懂或非常困惑？如果有，请翻回到那些页面，做上记号（比如折一下页角），或用铅笔在相应段落旁边画一个问号。我在读书的时候经常遇到这样的情况，我有三种应对措施。第一，如果问题不多、比较零散，做好记号后，我就会继续读下一章。有时候看了后面的内容自然就会明白前面的知识点。第二，如果有超过五个问题，那最好立即快速重读这一章。一方面，说不定你有漏读的地方；另一方面，在知道"未来剧情"的情况下重读，往往会更加容易理解。带着问题去阅读，对知识的吸收会更好。第三，如果看得很吃力，有很多或大或小的问题，我就会先放下书休息一下，或过几天重新阅读。如果还是完全不明白，那有可能是我还没准备好阅读这本书，也有可能是这本书写得不好。遇到这样的情况，请不要沮丧，先把这本书放回书架，过段时间再试试。

02　第二个问题：本书的内容是否值得信任？

你最近遇到过"假新闻"（fake news）吗？

过去，我可以认准某些老牌报社，将其作为获得"权威""真实"信息的渠道，但随着社交媒体的发展，假新闻呈爆炸式增长。或是因为没有新闻可以报道，或是为了在这个"流量为王"的时代混口饭吃，抑或是扩散信息已经没有门槛，现在我们接触的大多数信息，实在真假难辨。

如何判定信息是否真实？在这里我借用一下英国德比大学心理学副教授威廉·范·戈登博士（Dr. William Van Gordon）针对"如何识别假新闻"提出的五条建议。

当你在阅读一条新闻时，先停下来，思考一下：
- 这条信息的来源是什么？是否可靠？
- 带着批判性思维看待它，试着跟它抬杠。
- 想一想有没有什么必要的细节没被提到。大多数假新闻，也包括假信息，会故意遗漏一些细节，因为它是假的，所以经不起推敲。
- 如果新闻中引用原话，确认来源是否真实存在，或者作者能否为他说的这句话负责任。
- 看看图片是不是假的。比如，将图片上传到网上并搜索出处，看看是不是被挪用的。

虽然这都是针对如何识别假新闻的建议，和本书讲述的科学内容有一定的区别，但两者思路是一致的。

03 第三个问题：引用的文献怎么看？

要注意的是，从学术角度来看，用脚注的方式列出参考文献（reference）其实并不规范，但更加便于阅读。科学界有很多种引用格式，几乎每种专业期刊都有自己的一套要求。我以神经科学领域常见的学术期刊《神经科学杂志》（*The Journal of Neuroscience*）使用的标准格式为例，来介绍怎么看一条被引用的文献。

❶ Zhao S, Chait M, Dick F, Dayan P, Furukawa S, Liao H-I (2019) Pupil-linked phasic arousal evoked by violation but not emergence of regularity within rapid sound sequences. Nature Communications 10(1):1–16.

请谅解我"厚颜无耻"地使用了自己第一篇正式发表的论文作为例子。

开头这一串 Zhao S, Chait M, Dick F, Dayan P, Furukawa S, Liao H-I 是每个作者的姓氏和名字的缩写。比如我叫赵思家，姓氏为 Zhao，名字的缩写为 S，所以我就是 Zhao S。在神经科学和其他很多科学领域中，作者排名顺序非常重要，有时候合作者还会为此争执不休。每个领域的作者排名方式有点不同，比如数学和物理领域就是按照姓氏首字母的顺序来排的。仍然以我为例，我姓赵，那我几乎每次都会被排在最后一个。但在神经科学和心理学领域，我们采取不同的策略：第一作者（first author）和最后一个作者（last author）往往是最重要的。第一作者往往是实际进行这项研究的博士生或博士后，比如这篇文章是我写的，文中的实验是我做的，所以我是这篇论文的第一作者，排在最前面。最后一个作者一般为第一作者的直系导师，论文的想法和一些方向可能是由这个人确立的。

就我这篇论文而言，最后一个作者其实并不是我的导师，而是我们的合作者。我的导师被排在了第二作者的位置，即 Chait M。第三作者是我的博士导师，即 Dick F。这背后的原因相当复杂，不在此说明。但为了平衡，我的导师 Chait M, 成为本篇论文的通讯作者（corresponding author）。什么是通讯作者呢？如果你看了这篇论文有什么问题或想要合作，就要找这个作者。这个位置比第一作者和最后一个作者更为重要。一般情况下，第一作者也是通讯作者，只有在少数例外情况下，最后一个作者是通讯作者。如果你看到一篇论文的通讯作者不在这两个位置，就可以想象在论文发表前，作者们可能经历了斯文的交涉，这也算是论文发表背后的一些故事。

接下来的括号和数字"（2019）"代表这篇论文发表的年份。

后面跟着的这句话"Pupil-linked phasic arousal evoked by violation but not emergence of regularity within rapid sound sequences."是论文的题目。

再后面 Nature Communications 是发表这篇论文的杂志，它是《自然》的子刊《自然－通讯》。什么是子刊呢？就是附属杂志的意思。其级别比《自然》低，但隶属于同一个出版社。有些杂志，比如《自然》《科学》，它们不分学科，只要是能够震惊科学界的发现，都会刊登。如果你的研究成果未被这两个杂志选中，则可以考虑在它们的附属杂志上发出。

《自然－神经科学》（*Nature Neuroscience*）和《自然－人类行为》（*Nature Human Behavior*）是《自然》旗下另外两个与神经科学有关的子刊。《自然－通讯》不分学科，可以简单地将其理解为"低配版"《自然》。

最后几个数字是指这是 2019 年的第几期杂志，刊发于第几页。但现在我们几乎不看纸质杂志，主要在网上看论文，所以这些信息是网络尚未流行的时代遗留的传统，已无实际用途。

特别需要注意的是，在本书的健康篇中，我引用了一个法律案件（case）。法律学术界的引用格式和科学界的引用格式是不一样的，不同地区立法用的文件的引用格式都不同，例如美国、澳大利亚、加拿大、英国，甚至在英国内部，英格兰、威尔士、苏格兰、北爱尔兰四地也不同。

在正式的论文中，如果又讲科学又讲法律，那怎么办呢？可将"学术引用"和"法律案件"分别列出。你会在论文的正文结束后看到。

本书的做法参照英国《牛津法律权威引注标准》（*Oxford Standard for Citation of Legal Authorities*）。

我们举例说明怎么看一个法律案件的引注。

❷   *State v Milligan* [1978] 77 CR 11 2908 (Franklin County, Ohio).

其中，State 和 Milligan 是涉案双方主体，一般用斜体写出。"v"就是"和"的意思，读 with 或者 and，并不是 versus。如果看到 v 的前后两个词是一个姓氏，那说明很有可能原告被告是亲属，比如夫妻。"[1978]"是年份。"77 CR 11 2908"这一长串序列代表这个案件在哪个案例汇编里的哪一卷、哪一页。最后括号中的内容"Franklin County, Ohio"是法院的名字，意思是本案是在这个法院审判完成的。

"我该相信这本书的内容吗？"最后，我希望每一位打开本书的读者，向我，向自己，甚至向以后读的任何一本书，都问一遍这个问题。

祝大家阅读愉快。

测一测

你知道大脑是如何工作的吗？

扫码鉴别正版图书
获取您的专属福利

- 神经细胞和哪种动物的形象最相似？

  A . 海星

  B . 章鱼

  C . 海参

  D . 贝壳

扫码获取全部测试题及答案
一起了解大脑是如何工作的

- 如果想边学习边听音乐，最好选择没有歌词的钢琴曲，因为有歌词的音乐容易影响学习效果。这是对的吗？

  A . 对

  B . 错

- 位于我们脑门后面的脑区是额叶，控制着我们的认知功能，以下哪一项活动不是额叶主要负责管理的？

  A . 注意

  B . 决策

  C . 审美

  D . 品尝

扫描左侧二维码查看本书更多测试题

Oh My Brain

目　录

进入人体的火箭发射控制中心

你见过火箭发射地面控制中心长什么样吗？在火箭发射前，电视报道的重点往往不在火箭发射场区（就是火箭起飞的位置），而是将镜头切到一个大房间。那个房间里摆放着大大小小的屏幕，显示着火箭的各种信息，譬如说现在的天气如何、风大不大、火箭还有多少燃料、火箭身上有没有损伤的地方等。屏幕前方往往站着好几十个人，这些人大多是火箭领域的专家或军队高层，他们决定要不要发射火箭、什么时候发射，如果有紧急情况，他们还会根据屏幕上显示的信息，做出新的指示。

我们的大脑正是这样一间控制室，但它控制的不是火箭发射，而是我们的身体和思想。

让我们继续将大脑比作火箭发射控制中心，大脑这间控制室可以分为三层。

第一层是实时展示身体接收到的各种感官信息的大屏幕。什么是感官信息？眼睛收到的光带来视觉信息，耳朵听到的声音带来听觉信息，鼻子闻到的味道带来嗅觉信息，舌头尝到的味道带来味觉信息，皮肤摸到的纹理带来触觉信息，等等；换言之，感官信息就是各种各样的感觉（feeling）。"我感觉到阳台上光线很强烈""我感觉到教室里很安静""我感觉烈日下很热"……与此同时，你可能没有注意到，其实你不只是在观察身外的信息，你也一直在感知自身内部，"我感觉肚子疼""我感觉身体重心不平衡""我是倒立着的"……这些也都是感觉。

在这一层，有很多员工负责处理这些感官信息，这些员工就是神经细胞。这涉及一系列流程，包括获取信息（眼睛收到了绿色、红色、黄色的光）、理解信息（是一束花，有红花和黄花，配上绿色的叶子）、筛选信息和组织信息。因为这一层的主要功能就是理解和整理这些感官信息，这一功能被称为"知觉"。通过收集和整理这些来自身外世界的信息，我们能知道身处的环境在哪里，还会知道环境中有没有变化和危险。但要特别注意的是，这一层只负责信息处理，并不会做任何决定。如果有什么特别的事情发生，就需要向下面两层汇报。

感觉
feeling/sense

"感觉"是对外界的某些物理刺激（如颜色、声音、气味、温度等）的表达。感觉可能来自身体外的世界，也可能来自身体本身。科学家更喜欢用"sense"，但日常生活中我们会用"feeling"，"sensory information"则表示感官信息。

知觉 perception

也可翻译为"感知"。知觉是大脑对外界的整体理解，对外界的感官信息进行的组织和解释。请注意，知觉和感觉是不同的。知觉是所有感觉的总和。知觉 ≥ 感觉 a+ 感觉 b+ 感觉 c+…+ 感觉 z。

　　一般来说感知信息比较客观，要么来自身边的环境，要么来自身体内部我们无法自主控制的器官。换言之，眼睛看到什么就是什么，听到什么就是什么，肚子痛就是肚子痛，并不是我想怎样就可以怎样的，不会因为我想看到一台电脑，我就真会看见。

　　不过，等你看完五感篇就会知道，其实很多时候我们看到的也不是真的。

第二层则是情绪，常见的就是喜、怒、哀、惊。情绪来自"我"，换言之，情绪是主观的。你是否还记得上一次开心是因为什么？我刚刚收到了外卖咖啡，喝上热乎乎的咖啡，对于一大早就坐在电脑前写稿的我来说，就是值得开心的事。但这肯定算不上"特别开心"。最开心的还是努力终于得到回报的那一刻。我读小学和初中的时候，成绩很糟，年级排名倒数。因为某些原因，我在初二升初三的夏天开始努力，最后在中考的时候进入全市前 200 名。当然，现在看来这也不算是多好的成绩。在那一年的努力过程中，我有很难过和愤怒的时候，生气自己为什么不早一些开始努力，为什么努力了没有效果。但最后收到成绩时的快乐，快 12 年了我到现在都还记得。那时我才发现，开心并不一定是甜的，还可能是一种胸口被填满的感觉。

这里只举了"喜"的例子，这类情绪有强有弱，会持续一段时间，有时候是几分钟，有时候是好几天，甚至更长。它还有一个非常重要的特点：因人而异。即使你我两人一起经历同样一件事，我们感受到的情绪也可能是不一样的，我可能很伤心，但你完全没有感觉。这类情绪非常主观。

情绪 emotion

指各种各样的心理状态。人具有七大基本情绪：喜悦、愤怒、悲伤、恐惧、厌恶、惊奇、羡慕。随着不断成长，人在交流过程中会出现更复杂的情绪，包括窘迫、内疚、害羞、自豪等。在神经科学中，情绪又可以写作 affection，研究情绪的神经科学叫作 affective neuroscience。在日常生活中，如果描述自己的情绪（心情），不会用 emotion 或 affection 这两个词，而是用 mood。good mood 就是好心情，bad mood 就是坏心情。

相比之下，另一类情绪就没有那么因人而异，那就是"应激的情绪"。这类情绪一闪而逝，譬如突然出现了危险（danger）或是突然感觉到有人正盯着你（alert）。在这些情绪的主导下，你往往会不假思索地做出一些反应，比如一下子从座位上跳起来、情不自禁地尖叫或下意识地转头去看是谁在盯着你。这都是"应激反应"，也就是应对刺激的反应，这里的刺激往往是指外界刺激，大多来自出人意料的、可能会有危险的信号，比如极响的爆炸声、尖锐的刹车声、远方的滚滚浓烟。所有人面对这些刺激时都会产生应激反应，甚至接受过专门训练的军人、消防员、急救医生等也会。但与普通人的区别在于，他们会抑制住想逃跑的情绪，尽全力完成自己的工作，这是很了不起的。

　　火箭发射控制中心的最高层要么是充满创新精神的科学家、工程师，要么是决断能力极强的将军，他们需要学习应对各种各样未知的问题，负责更加复杂的工作。与之类似，大脑的第三层负责各种各样复杂的、代表着我们的"智慧"的工作，比如记忆、阅读、思考、说话、创作音乐等。我们统一称这些工作为"认知"。恰是这些认知，让人类成为"人"这样独特的存在。我无法将所有的认知一一描述，仅仅选择了认知的核心——"学习"，我猜这也是很多人目前最关心的问题和最重要的任务。在学习篇，我想聊一些和学校相关的话题，比如一些实际的问题：为什么我们早起上学那么难？边听音乐边做作业到底好不好？如何科学地提高阅读能力？再比如一些更"玄"的问题：聪明是不是天生的？为什么有人就是运气很好呢？诸如此类。希望这些问题的答案能够帮助你从新的角度看待学习，甚至用更科学的方式提高学习效率。

　　本书会带你进入大脑控制中心的每一层，一探我们的大脑究竟是如何运作的。我还会讲到，当控

认知 cognition

指你通过个人思考进行信息处理，以此获取知识的过程。

制中心出现问题时，会有什么样的事情发生在我们身上。最后我还想和你
聊一些更深的问题，其中有很多是神经科学家正在尝试解决而尚未解决
的。也许有一天，当人们找到了明确的答案时，大脑的控制室会被重新
"装修"，展现出更多更强大的功能。

那么，首先让我们打开大脑这个"黑匣子"，看看大脑究竟长什么样、
由什么组成。

我们的大脑并不是世界上最大的,

但在哺乳动物中,

它拥有相对而言最大的皮层。

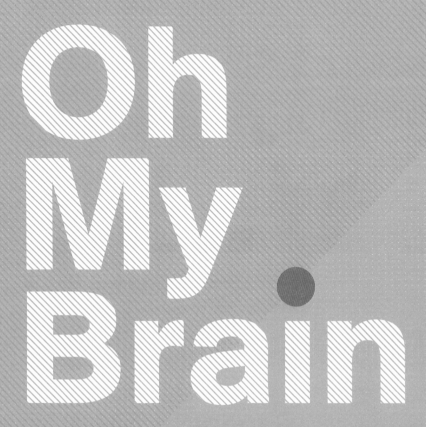

Oh
My
Brain

基础 篇

大脑究竟长什么样？

脑的形态、颜色和质地

大脑不声不响，我们平常很难感受到它的存在，所以很少有机会观察到它的样子。

你的大脑看起来像一块核桃形状的豆腐。准确地说，它的质感介于新鲜年糕和嫩豆腐两者之间。它的表面皱巴巴的，看起来像一个巨大的核桃。如果你有机会看到泡在福尔马林中的真人大脑标本，那会更加直观。福尔马林是一种有防腐和消毒作用的液体，确切地说，是浓度为 40% 左右的甲醛水溶液，常被用于保存器官。为了能够长期保存，大脑上的血管都被去除，且进行了脱水处理，所以福尔马林中的大脑整体看起来是灰色调的。但要注意的是，新鲜的大脑看起来呈淡淡的粉色，而不是泡在福尔马林里显出来的灰青色。

你肯定很早就知道，大脑安静地待在你的脑袋里，但你知道它的具体位置吗？

把你的食指放在眉心（两眉之间），沿着额头往上，经过天灵盖，继续往下，在后脑勺的位置，你能摸到头骨有个小小的突起。从眉心到后脑勺的头骨的突起，你手指画的这条线，就是大脑的中轴线。大脑的下方正好处于双耳之间。基本上，把你的眉心、头顶、左右两耳的耳朵上方和后脑勺的突起这五个点连起来，就勾画出了你的大脑在头骨下的位置。

脑脊液
cerebrospinal
fluid

充溢在颅骨与大脑之间的透明体液。它的主要作用就是保护大脑，一方面减少物理性的碰撞，另一方面清洁大脑。

头骨就像个专门保存大脑的盒子，我们的大脑放进去刚刚好，但还是留有一些空隙。这些空隙被一种无色透明的液体填满了。这种液体叫脑脊液，看起来有点像水，但它其实是从血液过滤而来的。现在，你的头里大概有 150 毫升的脑脊液。

脑脊液有什么作用？想象你把一块豆腐放在一个保鲜盒里，拿着它跑跳。过一会儿，你打开盒子，豆腐可能都碎了。如果你在保鲜盒里再放一点水，刚好装满保鲜盒，那么，你带着豆腐跳来跳去也没问题了。这是因为水保护了豆腐，水就像一条软乎乎的被子，包裹了豆腐，让它不会被震碎。

与水对豆腐的作用类似，脑脊液的主要作用就是保护大脑，一方面尽量减少大脑与头骨的碰撞所带来的损伤，另一方面带走大脑日常产生的垃圾，为大脑提供一个干净安全的环境。虽然大脑周围永远有 150 毫升左右的脑脊液，但你的大脑每天会形成的脑脊液总量有 500 毫升（就是一瓶可乐那么多）。你可以把它想象成一个湖泊，湖泊本身只能容纳 150 毫升水，但每天都有 500 毫升新鲜的水注入，同时有同样体积的水流出，这样流出去的水就可以带走湖里的脏东西，确保湖泊干净如初。那你可能会问，脑脊液从何而来，又将不干净的东西排到哪里去了呢？这两个问题的答案其实是一样的，那就是血液。大脑最中央的区域其实是空的，这个空心的区域叫作"脑室"，它的"墙壁"由大量的毛细血管和特殊的细胞组成，红色的血液被这些细胞形成的筛子过滤，形成了透明的脑脊液。那脑脊液又到哪儿去了呢？它被覆盖着大脑的保护膜，即蛛网膜（arachnoid mater）吸收，排入静脉中，被血液带走。就这样，脑脊液从血液中来，又被血液吸收。血液沿着静脉回到身体中循环时，顺便也把在这个循环中被脑脊液带走的大脑垃圾带走了。

● 像科学家一样实践

脑脊液到底有什么用？拿块豆腐来试一试吧！

你需要：

- 两个一模一样的塑料盒子。这两个盒子一定要有盖子，能够完全密封不漏水。
- 两块一模一样的豆腐（如果没有豆腐，用生鸡蛋也可以）。豆腐的大小最好刚好能放进盒子。
- 水（用来加满盒子）。

你可以把豆腐（鸡蛋）想象成你的大脑，空盒子则是你的颅骨。把两块豆腐分别放进两个盒子中，其中一个盒子不加水，另一个加满水，不要留一点儿空气。

使劲摇晃没有水的那个盒子，里面的豆腐（鸡蛋）是不是碎了？如果大脑就是这样的一块豆腐，而盒子就是你的颅骨，想想你平时跑步、跳跃，或者头一不小心撞到什么东西的时候，你的大脑可能就会像这块豆腐一样碎掉。但事实上肯定没有，那是为什么呢？

你再试试另一个充满水的盒子，用同样的力度摇晃它。豆腐是不是没碎？即使碎了，多半也没有碎得像空盒子里的那么严重。这是因为水保护了豆腐，当豆腐撞向盒壁的时候，水像棉花一样减小了撞击的力度。脑脊液就起着同样的作用，保护着大脑。

但如果很用力地摇晃充满水的盒子，豆腐还是很有可能会碎裂的。大脑也一样，即使有脑脊液的保护，我们也要尽量避免过度摇晃和撞击。当我们骑自行车、滑雪或做其他可能出现撞击的运动（如美式足球、棒球等）时，一定要戴上头盔。我们的大脑很重要，也很珍贵，一定要保护好它呀！

现在我们已经对大脑的形态、位置有了大致的认识，那大脑有多重呢？绝大多数人对此没有概念，甚至很多一辈子研究人类大脑的科学家，也不一定能有机会亲手触碰大脑。成年人大脑重量大概为 1.5 千克，也就是我们常说的 3 斤。当然，每个人的大脑的重量和体积稍有差异，但区别并不是太大。

人类大脑并不是世界上最大的，这项殊荣要归抹香鲸所有，它的大脑重达 8 千克！但相对而言，人类确实拥有哺乳动物中最大的大脑皮层。如果把大脑表皮上的所有褶皱（那些褶皱叫脑沟）展开，整个皮层有一把伞那么大。每个人的脑沟纹路都是独一无二的，即使是同卵双胞胎也有区别。

● 像科学家一样实践

下次家里做小鸡炖蘑菇时，你可以去瞅瞅。你的脑大概和一只光溜溜的鸡一样重、差不多大。在英国，超市里卖的鸡都是收拾好的，去毛、去头、去爪，内脏清空，重量为 1.5 千克左右。

传言，著名的物理学家阿尔伯特·爱因斯坦之所以那么聪明，是因为他的大脑比常人都大。其实这个传言是错误的。事实恰恰相反——他的大脑只有 1.2 千克，比平均值 1.5 千克小 20%。他的大脑的独特之处在于神经细胞密度，其单位体积内神经细胞的数量远超常人。

虽然脑的重量在体重中所占的比例小于 2%，但它需要身体中 20% 的血流量和氧气来提供足够的能量供它正常工作[1]！如果你没有获得足够的氧气和糖分（主要从食物中获得），最先有反应的就是大脑了，你会在一两分钟内感觉到头晕或变得迟钝，甚至会晕倒。如果连续 5 ~ 10 分钟没有获得氧气，大脑会受损，甚至会导致机体死亡。

---

[1] Raichle ME, Gusnard DA (2002) Appraising the brain's energy budget. Proceedings of the National Academy of Sciences of the United States of America 99(16):10237–10239.

▶ **像科学家一样思考**

为什么人的大脑不长在躯干里呢？那样岂不是能够更好地抵御外界的冲击？

■ **大脑速记**

- 大脑就像一块核桃形状的豆腐，新鲜的大脑呈现淡淡的粉色。
- 脑脊液不仅保护大脑免于碰撞、震动的伤害，还能带走大脑的日常垃圾。
- 人之所以聪明，不是因为大脑更大更重，而是因为神经细胞密度高。

脑细胞和身体其他部位的
细胞有什么不同？

神经细胞

我们曾经在引言讲到，大脑就像一个控制室，控制室里的员工是细胞。

细胞（cell）是生物体结构和功能的基本单位，也被称为生命的积木，像一个充满水的小袋子。

大脑里的细胞主要可以分成两大类，一类叫神经细胞（或叫神经元），另一类叫胶质细胞。我们在这节先来聊聊神经细胞。

成年人的大脑大概有 860 亿个神经细胞。而每个神经细胞与大概 7 000 个神经细胞相连。这形成了一个巨大且复杂的神经网络，我们的一切心智都由此产生，包括情感、记忆，甚至对"我"的自我意识本身。

神经细胞
nerve cell

又被称为神经元（neuron），这两个词的意思一样，可以互相替代使用，本书里统一使用"神经细胞"。如果你在其他的杂志或书里看到"神经元"，指的就是神经细胞。

　　科学家是如何算出人类大脑里的细胞数量的？2009 年，神经科学家苏珊娜·埃尔库拉诺 - 乌泽尔（Suzana Herculano-Houzel）和她的团队通过细胞膜溶解技术将四位刚刚去世且生前同意捐献的人的大脑制成了"脑汤"。他们通过测量小部分样本中的神经细胞数量，并通过等比例增加的计算方法，得出了"成年人的大脑平均有 860 亿个神经细胞"这个结论。乍听起来，860 亿四舍五入也就差不多 1 000 亿了，只差 140 亿，但 140 亿个神经细胞相当于一个狒狒的大脑，甚至相当于我们的近亲大猩猩的大脑神经细胞总数的一半。所以这其实是一个相当大的差距。

　　我们的大脑里有各种各样的神经细胞，形状各异，不过总体来说它们像长了很多条腿的章鱼。它们"腿连着腿"形成一张可以传递信息的网络。它们的"大长腿"叫作轴突（axon），而轴突的末端叫作突触，你可以把它想成脚掌。

　　"大长腿"最长可以有多长呢？大概有 1 米。从你的大脚趾沿着腿一直到你尾椎骨的运动神经细胞就有这个长度，它也是人体中最长的细胞。这里补充一个知识，你的身体中最小的细胞是血管中的红细胞（red blood cell），最宽的地方也只有 5 微米。每次我开车出去玩儿，都会不由自主地联想到红细胞，感觉每辆车都是一个红细胞，而公路就是血管，密密麻麻的公路纵横交错，形成了网络，把我们送到各地。

● 像科学家一样实践

　　5微米到底有多长？物理教科书告诉我们，1微米等于1米的一百万分之一。这等于没说！你可以拔根头发来看看，人的头发直径约为50微米。这么细的地方，可以让10个红细胞挨个排列，而且还不拥挤。

　　当神经系统中的一个神经细胞被"激活"（譬如说你的脚不小心踩到了一颗图钉）之后，它的头（细胞体）会产生电。电会沿着它的"大长腿"（轴突）移动，形成电流，并传递到下一个神经细胞里。就这样一个传一个，电信号就会传递到大脑里，告诉大脑："踩到图钉了！痛痛痛痛痛！"

　　你可以把这个过程想象成一个快递公司的送货系统。每个神经细胞就像一名快递员，不停地定向定点地递送着包裹。这包裹就是电信号。通过分门别类，即看着包裹来自何方（来自眼睛还是脚底），包裹是怎样的（大小怎样、形状如何），还有最近收包裹的次数（有时十几秒也看不到一个包裹，有时一秒哗哗哗地送来一连串包裹），大脑的相关处理部门就能知道这是什么信息。

　　你看到这里可能会觉得非常困惑，这怎么可能呢？我们这么多复杂的认知功能，即所看所想、所知所感，居然都是靠这么简单的电信号产生出来的吗？

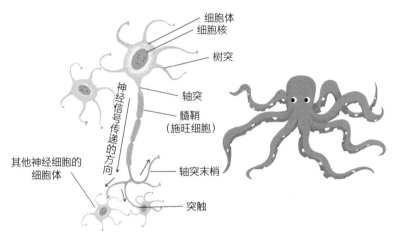

细胞体
细胞核
树突
轴突
髓鞘
（施旺细胞）
神经信号传递的方向
其他神经细胞的
细胞体
轴突末梢
突触

神经细胞的形态和结构

　　这就是大脑的神奇之处，也是全世界的神经科学家，甚至许多物理学家、数学家、计算机学家，共同试图解答的问题。虽然我很不喜欢将大脑比作计算机的说法，但它能够帮助大家理解大脑。就像计算机的所有功能（无论是你正在看的这本书，每个汉字都是由我输入的，还是手机里精彩复杂的游戏，或者发射火箭时需要的复杂的程序）都由 1 和 0 编码组成，大脑的所有功能也是由这样看似简单的电信号搭建而成的。

■ **大脑速记**

- 大脑里的细胞主要可以分成两大类，一类叫神经细胞，另一类叫胶质细胞。
- 神经细胞长得像有很多条腿的章鱼。
- 我们复杂的认知功能都是靠简单的电信号产生出来的。

谁是大脑的贴身保镖？
胶质细胞

其实，在我们人类的大脑中，神经细胞的数量只占 10%，剩下的 90% 是胶质细胞。

前面提到过，神经细胞一般都至少有一条"大长腿"（轴突）。但帅气是不可能的，因为每条腿都要穿上一条长得像一串香肠的秋裤。这种秋裤叫髓鞘，你可以在第 02 节看到它的示意图。

你可以把髓鞘想成裹在腿上的口香糖。为什么轴突要裹上髓鞘？要弄明白这个问题，你得先知道神经细胞是怎么传递电信号的。电信号其实是通过轴突内外的正、负离子循环传递，沿着轴突的外壁向前传递的。但这样速度就很慢，而且大脑内空间狭小，如果几条腿挨得很近，那电流岂不是很容易互串？

髓鞘长成这样，有三个目的。第一，因为它绝缘，所以电流就只能在髓鞘与髓鞘之间跳跃式前进,加快了传递速度。第二,这样相邻的腿就不会相互干扰。第三,保护大长腿。别看这样确实丑,其实它是一个非常绝妙的设计。说到这里,我们要先介绍一下胶质细胞,而髓鞘就是由一种胶质细胞形成的。

胶质细胞的作用包括营养供给、维持稳定的环境及绝缘。譬如说我们在学校上课,主要任务是听老师讲课,但学校的运转肯定不单单靠讲课的老师,还需要行政人员、医务人员、超市工作人员、餐厅工作人员等各种辅助岗位人员的配合。你可以把胶质细胞想象成默默为我们专注学习提供支持的团队。

就现在已有的知识来看,胶质细胞在中枢神经系统里扮演着神经细胞的"老妈子"的角色,或者说做着各种辅助工作,包括为神经细胞提供框架支持、营养供给、维持稳定的"生活"环境等。而且胶质细胞种类繁多,各司其职,长得也特别不一样。

简单来说,我们可以将胶质细胞大致分为两大类,一类叫大胶质细胞,另一类叫小胶质细胞。

大胶质细胞(macroglia,我总是将其想成"大脚趾细胞")下面又有很多小门类,每种细胞都长得特别不一样,分工明确。前面说的髓鞘,其实是由一种施旺细胞(Schwann's cell,我总想写成"失望细胞")构成的,起着绝缘的作用。另一种让我印象最深的是星形胶质细胞(astrocyte),astron 在希腊语里是星星的意思,而 cyto 在希腊语里写作 kyto,有细胞的意思，所以它的学名的直译就是星星细胞。它长得特别美丽，放射状的轴突好似星星的光芒。

胶质细胞
glial cells

神经细胞的好伴侣，全名为神经胶质细胞，已知的主要功能是为其他神经细胞提供帮助和支持。

星形胶质细胞的功能有很多，简直万能，这里仅介绍其一：维持血脑屏障。血脑屏障是什么？是血管和大脑之间的一道屏障。我们的身体各处都需要血液，因为血液为细胞带来氧气和养分，而氧气对于（我们身体里的）细胞是必不可少的。虽然神经细胞也需要氧气，而且需求量最多，但血液对于神经细胞来说是剧毒，一碰即死。所以，虽然大脑里的血管密密麻麻，但血管和神经细胞是不会直接接触的。这个屏障就像一个非常细的筛子，只让特定的物质，譬如说氧气、二氧化碳、血糖穿过它，而大部分的药物分子或病菌因结构太大，都是不能通过的。星形胶质细胞也被认为是数量最多的胶质细胞，它填充了神经细胞之间的空隙，一般它和其他神经细胞只隔着 20 纳米，真的是脸贴脸、腿夹腿了，挤得跟沙丁鱼似的。

血脑屏障
blood–brain
barrier

血管和大脑之间的一道屏障，能够阻止很多物质由血液进入大脑。

小胶质细胞（microglia）虽然只占胶质细胞数量的 20%，但它的角色非常重要——中枢神经系统里的免疫细胞。免疫的意思就是有保卫大脑健康的功能。它的工作任务是清除大脑和脊髓里的感染性物质和已经坏掉的神经细胞。在健康篇中，我们还会提到这类细胞，因为它和两种非常有名的疾病有关。

▶ **像科学家一样思考**

人类大脑里有 860 亿个神经细胞，这是个非常大的数字。到底有多少呢？不妨和宇宙做个类比，请你上网查一查地球所处的银河系里的恒星有多少颗。

■ **大脑速记**

- 胶质细胞可以形成髓鞘，让神经细胞的电信号不受其他神经细胞干扰。
- 星形胶质细胞的一个重要功能是维持血脑屏障。
- 小胶质细胞是中枢神经系统中的免疫细胞，能够保卫大脑健康。

神经细胞之间
是用什么"语言"沟通的？
化学突触和电突触

想象每个神经细胞就是一台电脑，电脑与电脑之间的沟通可以通过电缆、蓝牙进行。那神经细胞与神经细胞之间是如何沟通的呢？

说到这里就不得不提科学史。20 世纪初，科学家就发现神经信号是通过电沿着神经细胞传播的，因此很自然地认为细胞与细胞之间也是靠电信号沟通的。这个理论似乎很有道理，但当人们发现神经细胞与神经细胞之间有个叫作突触（synapse）的间隙之后，这个理论就站不住脚了，因为没有人能解释电要如何跨越这样的鸿沟。

最后，德国科学家奥托·洛伊（Otto Loewi）和英国科学家亨利·戴尔（Henry Dale）发现，有一些突触并非用电，而是用化学物质传递信号的，他们也因为这个发现在 1936 年获得了诺贝尔生理学或医学奖。而这个担任神经细胞之间的信使的化学物质，就是神经递质。

每个神经细胞都不是孤独的，每一个都会与其他的神经细胞相接，而这个相接之处就是突触。突触对于我们来说非常重要。每当你看见一个熟悉的脸孔、听到一个声音，或是学习到一个新词，你的大脑里就会有上百万个细胞通过上亿的突触同时相互沟通。你有没有想过，当你在学习新知识的时候，大脑是怎么记住的？是长出了新的神经细胞吗？并不是，当新的记忆形成的时候，变化的其实是突触。

要注意的是，并不是所有神经细胞之间的沟通都靠神经递质。

突触分两种，一种是上面提到的化学突触，宽度大概有 20 ~ 40 纳米，靠神经递质来传递信息，这种占大多数；还有一种是电突触，宽度只有 2 ~ 4 纳米，可以直接用电来传递信息。

这两种突触各有其优点。电突触最大的优点是传播信号的速度更快。所以电突触一般会在特别需要急速反应的功能中出现，如反射反应。比如你一

诺贝尔生理学或医学奖
Nobel Prize in Physiology or Medicine

对于我们研究生物、医学方面的科学家来说，这是一辈子能获得的最高荣誉。创立这个奖项的人——阿尔弗雷德·诺贝尔（Alfred Nobel）是一名瑞典的发明家和企业家，他因为发明硝酸甘油炸药、生产武器和炼钢而变得极其富有。根据他的遗嘱，人们创立了诺贝尔奖，每年颁发一次，颁给在不同领域有重要发现或发明的科学家。不过，想要得到这个奖项，不仅要有改变世界的发现或发明，还要活得足够长，因为诺贝尔奖只颁发给在世的人。

脚踩上一颗图钉，脚会自动、快速地离地防卫。从脚到脊髓，全程就靠电突触，所经过的突触数量不会超过 5 个。

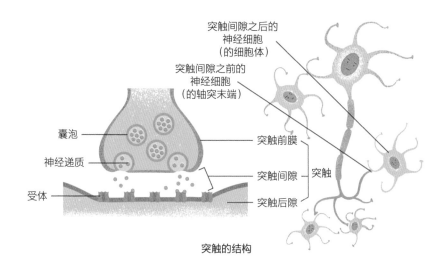

突触间隙之后的
神经细胞
（的细胞体）

突触间隙之前的
神经细胞
（的轴突末端）

囊泡

神经递质

受体

突触前膜

突触间隙　　突触

突触后隙

突触的结构

这么说，电突触很棒啊，为什么不能让大脑全都用上电突触呢？因为电突触有个致命缺点，那就是"缺乏增益"。这是什么意思？就是经过电突触后，神经信号强度要么不变，要么变小。一个信号从这头送到那头，往往要经过成千上万的突触，要是大多数信号强度都在路上被损耗，那这沟通效果也太糟糕了。你可以想象，一块蛋糕从蛋糕店到你家需要经过几百个人站成一排手动传递，他们手速倒是很快，但每个人都要不经意地啃一口。想象一下，蛋糕到你手上的时候，还能剩下什么？而化学

神经递质
neurotransmitter
———
神经细胞与神经细胞之间的通信员。

突触更加灵活，可以增益，也可以减益，类型丰富，搭配起来能有奇效。

所谓有奇效，是能产生各种各样神奇的效果。这些效果和突触使用的神经递质有关。现在已知的神经递质至少有 30 种，最有名的有四种：多巴胺（dopamine）、血清素（serotonin）、去甲肾上腺素（norepinephrine）和乙酰胆碱（acetylcholine）。你可以在情感篇读到关于这些内容的具体介绍。

多巴胺带来的效果是奖励。每当你得到了意外的奖励，大脑释放多巴胺，让你体验到这份满足感，下一次即使你还没有收到这份奖励，也会为其努力。你可以姑且把多巴胺当成"燃料"，让你动力十足。血清素的功能更多样化，它会让你感觉放松、心情平静。去甲肾上腺素和精神状态相关，能让你集中注意力。而乙酰胆碱对我们产生新的记忆有重要的作用。

■ **大脑速记**

- 大部分神经细胞与神经细胞之间靠神经递质沟通。
- 电突触信号传递速度快，但强度有可能变小。
- 现在已知的神经递质至少有 30 种，最有名的是多巴胺、血清素、去甲肾上腺素和乙酰胆碱。

脑和大脑是一个东西吗？
脑的结构

准确地说，脑和大脑不是一个东西。

从这本书开头到现在，我老是说"大脑"怎么样怎么样，其实是一种不准确的说法，因为大脑只是"脑"的一部分。脑（brain）由三个部分组成：大脑（cerebrum）、脑干（brain stem）和小脑（cerebellum）。从这一刻开始，如果我说"脑"，那就是指这三部分的总和，而"大脑"就只是长得像核桃的那部分。

我们之前提到过，新鲜的大脑是粉色的，但如果对大脑进行脱水，那么它看起来就是灰色的。为什么大脑会呈现灰色呢？因为大脑有一层"皮"，这层皮其实只有几毫米厚，叫作皮层（cortex）。皮层之下则是白质，白质将灰质与灰质连接起来。

从外表的形状来看，大脑像核桃一样有奇怪复杂的沟壑。但相对于核桃，可能更形象的是把大脑比喻成一个星球，它的表面凹凸不平，有山脉也有谷底。这些凸起的山峰叫作脑回（gyrus，拉丁文"圆滑的形状"的意思），而凹下去的谷底叫作脑沟（sulcus）。大脑上最明显的两条脑沟，一条在头顶处，叫作中央沟，可以粗略地将大脑分为前后部分；而沿着耳朵上方的一条斜线，则叫作外侧沟，它将大脑粗略地分为上下部分。

为了便于研究，科学家根据大脑结构和相关功能，将大脑分为六个区域，你可以把它们想成星球上的六个大陆。每一个区域叫作一个"脑叶"（lobe）：额叶、顶叶、枕叶、颞叶、岛叶和边缘叶。

脑叶 lobe

大脑的六大区域：额叶、顶叶、枕叶、颞叶、岛叶和边缘叶。

前四个脑叶在大脑外层，我们可以通过本书附带的大海报看到。

在人类大脑中，额叶是最大的脑叶，但有些动物基本没有额叶，这证明额叶与进化可能有很大的关系。额叶和人的性格有关，很多复杂的认知功能，比如注意力、决策、审美等，都与额叶密不可分。本书里讲到的很多有趣的问题都和额叶息息相关，看到后面你会非常熟悉它。它将是这本书学习篇的主人公。

在天灵盖位置的顶叶主要负责处理部分感知信息，包括触觉、痛觉。人的语言能力的控制中心也在这里。位于后脑勺的枕叶是前四大脑叶（额叶、顶叶、枕叶和颞叶）中体积最小的，它主要负责处理视觉相关的感知信息，也就是"看"。而位于左右两耳旁边的颞叶，则主要负责处理听觉信息，也就是"听"。这三个脑叶可以被称为"感知天团"，将是本书五感篇的主人公。

如果用两个勺子沿外侧沟拨开，我们能看到里面还藏着一层皮层。它叫岛叶。它和味觉有些关系，还负责整合我们获得的各种各样的感官体验。关于味觉我们会在五感篇提到，比如舌头是怎么尝东西的（详见第14节），为什么无糖可乐没有灵魂（详见第16节）。岛叶还和情绪有关，特别是同情心，我们会在情感篇的最后分析"什么是恶"时专门聊到什么是同情心（详见第30节）。也有很多科学家认为岛叶应该隶属于颞叶，而不是独立作为一个脑叶。

我们还可以再往大脑深处看。从头顶看大脑，会发现大脑分为两个半球，中间有一个几乎垂直的深渊。这个深渊叫作大脑纵裂。沿着这条纵裂切开，你可以从新的视角来观察大脑。在切开后的大脑上，你能看到隐藏的边缘叶，因为它像给大脑勾了个边儿一样，因此得名。这个脑叶和人的情绪息息相关。相比于先前的四个脑叶，这个脑叶的界限相对比较模糊，常常和顶叶、枕叶和颞叶的中央区域放在一起看，所以我们一般不专门把它作为一个脑叶来看待。但我们常会把它跟与情绪相关的大脑区域合在一起，统称为"边缘系统"。这个边缘系统就是情绪的主角，整个情感篇就像它的自传一样（详见情感篇）。

因为我们的大脑分左右半球，所以脑叶们都是成对出现的，左边有一个，右边就也有一个。它们在形状和功能上有一定的对称性，但并不完全一样。在下一节中，我们会专门聊聊左右大脑的故事。

其实，脑只是神经系统的一部分。神经系统是整个身体的联络和控制系统，它收集感知信息（对外和对内，对外指看到、听到、闻到什么，以及皮肤的感知等，对内指身体内的血压、血糖等的变化），对收集到的信息进行实时分析整理，给出决策，再由运动神经将决定好的反应（譬如迅速逃跑）执行下去。

神经系统又分为中枢神经和周围神经。中枢神经是指脑（包括大脑、小脑、脑干）和脊髓，脊髓就在脊椎里，沿着背部中央，从后脑勺一直延伸到屁股。而周围神经就是除此以外的神经组织，在眼睛里、舌尖上，控制着脸部动作等。简单地讲，中枢神经就是负责分析信息、做决策的中央政府，而周围神经就是分布在各地收集信息并且执行中央政府下达的指令的地方机构。整个神经系统的重量在成人体重中仅占3%，但它毫无疑问是人体中最复杂，也是我们现在对其了解最有限的系统。

■ **大脑速记**

- 额叶、顶叶、枕叶、颞叶、岛叶和边缘叶构成了脑的六块"大陆"。
- 神经系统不仅包含脑，还包括脊髓和全身上下的神经组织。
- 中枢神经是分析信息、做决策的中央政府，周围神经是地方机构。

教科书里说的
"视觉信号左右颠倒"对吗？

信号传导

和脑的其他成员相比，大脑是体积最大的。

从天灵盖往下看，大脑是左右对称的，一分为二，被称为左脑和右脑。我还记得我第一次知道大脑分为左右两块时的困惑。为什么我们需要有左右两个脑呢？

关于这个，人类其实到现在都说不清楚。比较清楚的一点是，大多数动物的身体都是左右对称的。比如我们人类，有一双眼睛、一双耳、两个鼻孔、一双手、一双脚。为了方便管理，最好脑也是一双。一侧脑管一侧身体，别左右搞混了。人也确实如此，是分左右脑的，而且大多数有脊椎的动物也是这样的，左右脑各管一侧身体。

但令人困惑的是，分工并不是我们以为的那样由左脑管身体左侧而右脑管身体右侧。事实是，人的左脑管身体右侧（右手、右脚等），而右脑管身体左侧。为什么身体和脑的管理权是左右颠倒的呢？为什么人要进化成这样呢？

遗憾的是，我们对此还没有头绪。让这个问题变得更令人困惑的是，即使在人的身体里，也不是左侧身体的所有部分都由右脑管。比如嗅觉，我们闻到味道是左侧传来的，那就是左侧的大脑负责分析；再比如视觉，有一部分视觉信息确实是左右颠倒的，但不是全部如此。

说句题外话，要注意的是，我说的可能和你从生物课或科学课教材上学到的有些出入。有些中小学教材可能会说，人的视觉信号都是左右颠倒的，左眼会把所有信号发给右脑，右眼则发给左脑。请仔细阅读教材，如果确实说的是"所有信号"，那就是教材错了；如果没有说"所有"，那就是正确的。平时上课可以和老师讨论一下，但如果是考试，还是以教材为准吧。我记得我初三的化学老师曾说过一句话："不服气的话，有本事你以后去改教材！"嘿，说不定还真有这一天呢！

▼ 像科学家一样思考

你有可能听说过"左脑处理理性，右脑处理感性""你是左脑人还是右脑人"这样的说法，你觉得这种说法对吗？结合本书里讲的神经科学知识，请你重新审视一下这样的说法。若是你现在还不太确定，别急，等看完本书之后，再回过头来思考这个问题。

话又说回来，既然左脑控制右手，而我是右撇子，那我的右脑会不会和左撇子的右脑有区别呢？还真的有。因为大多数人都是右撇子，所以科学家对大脑的大多数了解来自右撇子。最明显的区别就在于，右撇子的左脑的运动皮层（motor cortex）主要负责比较精细的运动行为（如写字），而左撇子的这个运动行为主要由右脑的运动皮层负责。不仅分工有区别，连脑区的大小也会受到影响。右撇子的左脑运动皮层比右脑的大一些，而左撇子的右脑运动皮层比左脑的大一些。

不仅运动皮层受到影响，基底核和小脑也因一个人是右撇子还是左撇子而有所不同。2019 年 11 月，通过分析 700 个人的大脑，加拿大的神经科学家发现，右撇子的左脑中的基底核和左小脑更大些，而左撇子则是右脑中的更大一些 [1]。这个发现并不令人惊讶，因为基底核负责计划运动行为（如把手举起来挥一挥），而小脑是负责精准操作身体的。右撇子用右手多，自然精准的工作（如写字、刷牙）往往都用右手，而左脑负责右手的工作，自然左脑就受到更多锻炼，长年累月，相应部位就变得更大了。

让我们再钻一下牛角尖：为什么有些人是左撇子？为什么左撇子在全部人群中的占比大概维持在 10% 这个很小的比例上？从数学的角度来讲，这可能显示了群体中"合作"和"竞争"的平衡点。大多数右撇子可以用同样的工具，采取同样的战斗训练模式。但当人与人相互攻击时，左撇子可能会有更强的竞争力，因为大多数人是右撇子，训练时对手一般也都是

[1] Germann J, Petrides M, Chakravarty MM (2019) Hand preference and local asymmetry in cerebral cortex, basal ganglia, and cerebellar white matter. Brain Struct Funct 224(8):2899–2905.

右撇子，突然一个左撇子来了，就有点出其不意。很多有名的棒球投球手是左撇子，大概有这方面原因。如果我们人类社会完全是个"竞争"的社会，那左、右撇子的比例应该在过去百万年间演变成 1 : 1，事实却并没有，这是因为人类也是个"合作"的群体。在高尔夫球这种不需要直接与对手对抗的运动中，名将中是左撇子的只有不到 4%。所以，一个群体中只有比例很小但稳定的左撇子，显示了人类社会中的两大活动——"竞争"与"合作"的平衡性。

■ **大脑速记**

- 身体和脑的管理权大多数情况下是左右颠倒的，也就是说左脑控制身体右侧，右脑控制身体左侧。
- 嗅觉信号不遵循左右颠倒的规律。
- 右撇子的左脑中的基底核和左小脑更大些，而左撇子则是右脑中的更大一些。

小脑的用处小吗？

小脑功能

　　在看这本书之前，你听说过小脑的知识吗？如果有，估计也很少吧？小脑的存在感特别低，很大一部分原因在于它的体积相对于大脑而言比较小，只占全脑的 10%。

　　即使小，它的功能也一点都不能被忽视：它负责精准地实施肢体动作，包括完成姿势（如把手伸出去握住水瓶）、维持平衡、运动学习（如踢足球时边跑边踢、挥网球拍），甚至我们说话时灵活控制喉咙、舌头和嘴唇也都得靠小脑。

　　但要特别注意的是，小脑并不负责发出指令，指令是由大脑发出的，小脑负责将大脑发出的命令执行下去，进一步让肌肉接收到信息，再回头告诉大脑："你的命令已经传达下去了，下一步是什么呢？"

　　这么说起来很简单，但要做到这件事儿是很不容易的。毕竟大脑只有一个，身上的肌肉却有 650 多块！这要得益于小脑的一个特点：这个只占全脑 10% 体积的小脑，拥有整个大脑近一半的神经细胞。小脑中的大部分细胞是一种体积极小，且排布极其密集的细胞，叫颗粒细胞（granule cell）。这是人脑中最小的神经细胞，细胞体的直径只有 5 ~ 8 微米。这些细小的神经细胞将从大脑传递来的信息，分发给 200 多条频道散布出去。它就像一个分发站，将从大脑接收到的信件，复制传播给 200 多个位于身体里的地址。

为了让你更好地理解，我举个具体一些的例子。

在校门口，你抬头看见班主任正站在那里，而且他也看到了你，与你四目相对（这时你不能再装作没看见，快速跑掉了）。在这电光石火之间，你的大脑（主要是前额皮层）做了多次计算和推演，最后决定还是上前问好。与此同时，大脑计划好了要怎么问好：有力地说"老师好！"，并微微鞠躬。来自左半脑的布罗卡区帮你产生了正确的打招呼用的语言和发音"老师好"，而不是"尼奥斯豪"，并将这个信息传递到小脑。在小脑里，信号进一步传递给了许许多多颗粒细胞，颗粒细胞又将这个单一指令编译成了更为精细的任务。譬如说，嘴唇的哪个肌肉要动、舌头怎么卷起来、控制嘴巴的咬合以确保既不会咬到舌头也不会口齿不清，啊，还有确保中气十足，否则又要被批评了，还有别忘了挥手……

读到这里，你可能还是没有觉得小脑有多么重要。特别是，如果你跟我一样不怎么运动，甚至等你像我这样成为科学家，天天坐在电脑前看书打字，平时也一个人待着，不需要说话，甚至吃饭也都是外卖员送到眼前……像我这样在运动方面和一颗土豆没有什么区别的人，为什么还需要小脑呢？

▼ 像科学家一样思考

　　没有小脑我们还能存活吗？应该可以，但生活会极为不便，而且会丧失语言能力。但非常有意思的是，天生没有小脑的人却可以生活自如。截至 2019 年底，全世界前后一共发现了 9 个小脑发育不全的病例，他们大多能说话，只是说话和运动方面与常人有一些差异，有些迟钝。这是为什么呢？

　　如果你有这个困惑，那说明你还没意识到计划和流畅地实施一个简单的动作多么复杂。你需要同时控制几十块甚至几百块肌肉。在半秒不到的时间里，你需要精确地控制每一块肌肉；每一块用的力度都要恰到好处，不能多一分也不能少一分；每一块用力的时间点也要恰到好处，不能早一秒或是晚一秒。就像我现在坐在电脑前打字，如果没有小脑，我不可能做到快速盲打。

　　如果没有小脑让我们精准地控制四肢和身体，让大脑想做即能做，那我们连钻木取火这一最古老的动作都做不到，哪里还谈得上逃离危险、狩猎，直至进化到今天用一个拇指就能飞速发微信呢？

■ **大脑速记**

- 小脑体积只占全脑的 10%，却拥有整个大脑近一半的神经细胞。
- 小脑对动作的控制相当精准，我们说话的语气语调就受到它的调节。

Oh My Brain

本篇小结

脑的形态

- 核桃形状的"豆腐"
- 活体脑呈淡粉色
- 大约重 1.5 千克
- 脑与颅骨之间充满了脑脊液

脑的员工

我们的脑

- 神经细胞
  - 成年人的大脑平均有 860 亿个神经细胞
  - 它用电传递信息
  - 它有轴突（大长腿）
  - 神经细胞之间有突触（一些小的间隙）
    - 化学突触：细胞通过一种叫作神经递质的化学物质交流
    - 电突触：用电传递信号，常见于需要急速反应的情况
- 胶质细胞
  - 大脑中 90% 的细胞都是胶质细胞
    - 大胶质细胞
      - 施旺细胞（构成髓鞘）
      - 星形胶质细胞（维持血脑屏障）
    - 小胶质细胞
  - 已知功能是为神经细胞提供支持、营养供给、维持稳定的环境和绝缘

脑的结构

Human brain

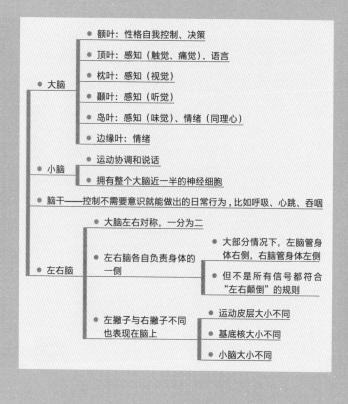

- 大脑
  - 额叶：性格自我控制、决策
  - 顶叶：感知（触觉、痛觉）、语言
  - 枕叶：感知（视觉）
  - 颞叶：感知（听觉）
  - 岛叶：感知（味觉）、情绪（同理心）
  - 边缘叶：情绪
- 小脑
  - 运动协调和说话
  - 拥有整个大脑近一半的神经细胞
- 脑干——控制不需要意识就能做出的日常行为，比如呼吸、心跳、吞咽
- 左右脑
  - 大脑左右对称，一分为二
  - 左右脑各自负责身体的一侧
    - 大部分情况下，左脑管身体右侧，右脑管身体左侧
    - 但不是所有信号都符合"左右颠倒"的规则
  - 左撇子与右撇子不同也表现在脑上
    - 运动皮层大小不同
    - 基底核大小不同
    - 小脑大小不同

视觉、听觉、嗅觉、味觉和触觉
让我们身处一个丰富多彩的世界，
欢迎来到大脑控制中心的第一层。

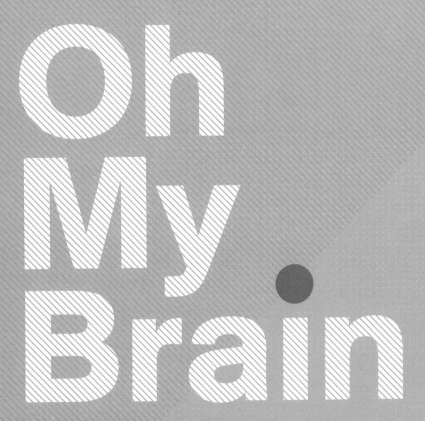

五感
篇

为什么说眼睛是心灵的窗口？

瞳孔缩放

我们常说："眼睛是心灵的窗口。"

从科学的角度来看，还真是！你可以拿出镜子照一下，凑近一点，仔细看看自己的眼睛。中间黑色的部分是瞳孔，周围棕色部分为虹膜，最外面的白色部分为巩膜。这三个结构中，虹膜会因为人种的不同呈现不同的颜色，咱们中国人以及大多数亚洲人的虹膜大多呈棕色，或深或浅。而另两个结构的颜色是恒定的：无论哪个人种，巩膜一般都是白色的，而瞳孔则是黑色的。

两块位于虹膜里的肌肉共同控制着瞳孔的大小。瞳孔扩张肌在被激活时，会使得瞳孔变大，因此让更多光线进入眼球；而激活瞳孔括约肌则会使瞳孔变小，进而让更少的光线进入眼球。这个工作原理有点像照相机的光圈，光圈越大，进光量越大，画面越亮。

眼睛的结构

瞳孔对光反射
pupillary light
reflex

人类的瞳孔会在不同强
度的光线下自动地变化
大小。

瞳孔的大小是会变化的，就像百叶窗可以闭合和收紧一样。你可以盯着镜子看自己的瞳孔，在这个过程中，你可能会观察到细微的变化。如果你改变房间的光亮（比如镜前灯的亮度），瞳孔大小的变化会更加明显。人类的瞳孔大小会在不同强度的光线下自动地变化，瞳孔越大，就有越多的光线进入眼睛，所以人类可以用瞳孔的大小来调节进入眼内的光线强度，这叫瞳孔对光反射。

处于很亮的环境中时，瞳孔会变得很小，直径大约为 1.5 毫米，而在黑暗中能扩大到 8 毫米左右（儿童时期这个数字可能会更大）。这两个数字大概是人在 25 岁左右的平均值。人出生之后，瞳孔会慢慢变大，然后在青少年时期变小，成年后基本维持不变，中年之后又会明显缩小。在 65 岁左右，人类的瞳孔直径平均只有 5 毫米，即使在黑暗中也不会扩大多少。

> ● **像科学家一样实践**
>
> 　　大多数动物都有瞳孔对光反射。在这一点上，猫特别明显，如果你家养了猫咪，可以先把它抱到阳光充足的阳台上，再把它放到你家光线最暗的角落，看看它的眼睛会发生什么变化。没有猫的朋友，也可以在各大视频网站上找到各种记录猫瞳孔变化的视频。但要注意一点，不是所有动物都有瞳孔对光反射，比如某些鱼类就没有，这大概和它们生活在终日不见阳光的海底有关。

　　瞳孔的缩放还可以解释照相时的"红眼"现象。在照相时，如果使用闪光灯，有时候照片会出现眼睛是红色的现象。这是因为在闪光灯拍照的瞬间，瞳孔来不及及时收缩，闪光灯的亮光透过瞳孔照亮了眼底的视网膜。视网膜上有丰富的血管，这样就会形成"红眼"现象。现在拍照大多都不会出现"红眼"了，这是因为照相机被设计为先闪一次光，让瞳孔在第二次闪光（正式拍照）的时候已经达到紧缩状态。

　　这个瞳孔对光反射的原理非常简单，科学家对它了解得很透彻，早就有数学模型来模拟瞳孔对光反射的仿生反应了。但令人惊讶的是，瞳孔大

小能告诉我们的远远不止环境有多亮，还能显示人们的喜好和情绪。

早在 1960 年，埃克哈特·赫斯（Eckhard Hess）和詹姆斯·波特（James Polt）就发现，当看到令人兴奋的东西的时候，人的瞳孔会突然变大。这不局限于喜欢或不喜欢，只要这个东西会引起你强烈的情感，不管非常讨厌还是非常喜欢，你的瞳孔都会自动变大。

随后他们还发现，当你在努力的时候，瞳孔也会比平时大。你甚至可以自己观察到这个现象。拿面镜子或是让朋友配合你：先心算 15 乘以 5，记住瞳孔大致的变化，然后心算 234 乘以 25。除非你觉得这两个心算式的难度毫无区别，你应该能够观察到一些不同。如果一次不明显，你就多试几次。从理论上来讲，在做更复杂的心算的时候，你会需要做更多的努力，心算所占用的认知负荷也更大，而认知负荷越大，瞳孔就会放得越大。

在过去的半个世纪里，科学家不断地观察到这一现象，但也一直不太明白为什么大脑和瞳孔会有这样的关系。直到最近几年，科学家才发现，原来瞳孔的大小和大脑里的去甲肾上腺素有关系！大脑里的去甲肾上腺素越多，瞳孔就会越大。去甲肾上腺素，我们在基础篇的第 04 节中提到过，是一种神经递质，是大脑中神经细胞之间的通信员。而去甲肾上腺素被认为和兴奋劲儿有关。大脑里去甲肾上腺素越多，你会越兴奋，反之你会感到没劲儿或非常疲惫。当你困到不行的时候，瞳孔往往非常小。现在自动驾驶设备也利用了瞳孔和疲劳感的关系，当驾驶员的瞳孔小于平时的

75% 的时候，就会提醒驾驶员去休息。

▶ **像科学家一样思考**

　　要知道，鲸的眼球有 20 厘米宽，和足球差不多大，而这还不是世上最大的眼球。让我们想一想，眼睛大有什么用？然后上网查一查世界上拥有最大的眼球的动物是什么？它的眼球有多大？

■ **大脑速记**

- 当人看到令人兴奋的东西的时候，瞳孔会突然变大。
- 当我们在努力的时候，瞳孔也会比平时大。
- 自动驾驶设备能够通过监控驾驶员瞳孔的大小来判断他们的疲劳程度。

为什么世界是多彩的？

视觉形成

　　1670 年，英国物理学家艾萨克·牛顿发现白光其实不是一种单一的光，而是由红橙黄绿青蓝紫多种颜色光线组成的。现在我们知道，当白色的自然光照到物体上时，根据物体自身的特性，部分光线会被吸收，剩下的光线会被反射，从而形成了颜色。而这些被反射的光线进入人的眼睛，进而落到视网膜上。

　　视网膜由一层排得密密麻麻的感光细胞组成，这些感光细胞将物理光线转化为大脑使用的语言——神经信号。人类主要有两种感光细胞，一种叫视锥细胞，它让我们感觉到光线的不同颜色（光线的波长）；另一种叫视杆细胞，它对光线的明暗和物体的运动特别敏感。相比于人眼，蝴蝶的眼睛里至少有 6 种感光细胞。一种名叫青凤蝶的蝴蝶甚至有多达 15 种感光细胞。

　　我们能看到颜色，多亏了视锥细胞。不同颜色的光线激活不同种类的视锥细胞。人有三种视锥细胞，一种对红光敏感，一种对绿光敏感，还有一种对蓝光敏感。因为有三种视锥细胞，人类的视觉被称为三原色视觉。这并不是说我们只能看见红、绿、蓝三种颜色，而是指我们能看见红、绿、蓝及它们混合起来的一切颜色。

虽然很多动物都拥有和我们相似的眼睛，但它们和我们所看到的世界不太一样。其中最有名的大概就是狗了。很多养狗的人可能都听说过，狗是色盲。这确实是真的，狗的视觉是二原色视觉，缺少对红色光线敏感的视锥细胞，这导致它们只能看见以蓝色和绿色为基础的颜色。

在人类中，色盲分为不同的类型：红色盲，不能分辨红色，对绿色的敏感度也会降低；绿色盲，人类中最常见的色盲，绝大多数绿色盲者没意识到自己是色盲，他们能看得清绿色和红色，但比常人迟钝一些；蓝黄色盲，就是对蓝色和黄色分辨不清。

下次和狗狗一起玩儿的时候，扔个红色的球在绿色的草丛里，你会发现它需要花很长时间才能找到球，然后换个蓝色的球试试。

虽然这可能会让你感到有些遗憾，狗狗眼中的世界不如我们看到的多姿多彩。但有失也有得，狗狗的眼睛里有大量的视杆细胞，这让狗狗在黑暗中的视力比我们好，怪不得很多人家养狗来看门。而且视杆细胞让狗狗对运动的物体更为敏感，所以它对抛出的球那么敏感。

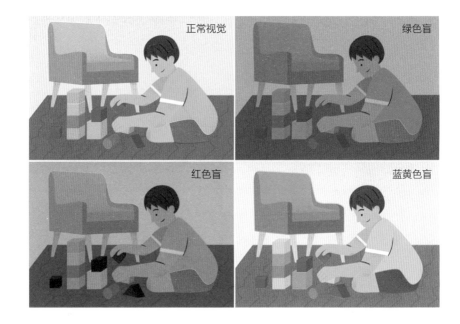

讲了这么多，我们只讲了眼睛，但想要"看见"，我们不仅需要眼睛，还需要大脑。眼睛只是视觉系统的一小部分。

从接收到一束红色的光线，到意识到"我看到了一朵红花"，整个过程被称为"视觉"。

视，左"示"右"见"，本意就是"看"。它是一个很有意思的汉字。因为一般"示"字旁是个形旁，表示祭祀、告知的意思。但在这个字里，它是个声旁，示和视发音相同。而见的繁体字"見"，看起来就像个眼睛（目）。

不得不说，把"vision"翻译为"视觉"是件很了不起的事，也显示出汉语的博大精深。

在视觉系统中，真正负责处理视觉信号的是视觉皮层（visual cortex），它位于枕叶，也就是你的后脑勺的位置。（不记得枕叶是什么了？回看第 05 节。）

我喜欢把视觉的整个流程比喻成一个快递公司。

光线所含的信息就像一个个来自四面八方的包裹。它们从外界的不同位置被送入眼球，经过晶状体，落到眼睛里的视网膜上。视网膜上的视锥细胞负责分收快递，将这些包裹按类别（光线的不同波长）打包，然后送入视神经，通往大脑。

反射行为
reflection behavior

一般指的是下意识、不自主的行为。比如，有强光时，人会下意识做出举起手或转过头来保护眼睛的动作。

在此之后，有一小部分包裹会被送到脑干里的上丘（superior colliculus）。上丘和眼球的运动控制有很大的关系，同时还和一些反射行为有关。而剩下 90% 的包裹则会沿着另一条路线，经过一个类似交叉路口的叫作视交叉的大脑组织，到达一个视觉信号的中转站：大脑的外侧膝状体（lateral geniculate body）。外侧膝状体将收到的视觉信号进一步归类、分发，送往整个快递公司的配送中心，也就是大脑视觉皮层。

这个超大的配送中心位于后脑勺，里面分了很多很多层，每层负责处理不同的包裹。

第一层叫作初级视觉皮层。在这里，包裹会被打开，即视觉信号被初步解析，按照颜色、形状、深浅等层层分析，像用一层层的筛子，对这些信号进行全面基本的识别。这样才能在你的大脑中呈现你看到的图像，就像照相机一样。

但对于大脑来说，只是呈现还不够。它还要知道什么是什么，比如哪些色块是物体，哪些又是背景；哪些地方是阴影，它原本的颜色又应该是什么；这个形状缺了一块，是真的缺了呢，还是被其他物体遮挡了呢？如此等等。

这还没完！这些被分门别类归纳好的视觉信号，还需要被发送到大脑其他区域，去做更复杂的任务。比较常见的视觉任务包括识字阅读、识别人脸，这些都有专门的大脑区域负责。

▶ **像科学家一样思考**

虽然看见对我们来说是那样轻而易举，但仔细想想，看见真是复杂呀。不过，我们看见颜色又有什么用呢？

■ **大脑速记**

- 视锥细胞能够帮助我们辨别颜色。
- 视杆细胞能够帮我们在黑暗中保持视觉敏锐。
- 位于后脑勺的视觉皮层是解析视觉信号的核心脑区。

耳朵是怎样识别声波的？
听觉形成

听觉是个非常神奇，也很容易被忽视的感官功能。

相比于视觉、味觉、嗅觉、触觉这四种我们常用的感官功能，听觉最年轻。它更像一个不需要睁眼的视觉和远距离的触觉。这是什么意思呢，耳朵识别的是波动。

可是，为什么我们需要识别波动呢？因为不管是什么，只要动了，就会产生波。在水里，鱼摇晃尾鳍，会产生波；在陆地上，豹子奔跑会产生波；在空中，鹰即使不扇动翅膀，仅仅是滑行，也会扰动空气产生波。在空气或其他介质中产生的这种波，叫作声波。我们能够通过感知声波识别危险，即使周围一片漆黑，甚至在睡梦之中。

类似于视觉和眼睛的关系，听觉的第一个阶段是耳内的传导。人耳分为三个部分：外耳、中耳和内耳。

外耳包括耳郭和外耳道。耳郭就是长在脸颊旁边、类似漏斗的东西。你可能注意到了，每个人的耳郭都有些许不同，这导致我们听到的声音也会有些许不同。咱们平时说"耳朵大"其实就是说这人的耳郭大。虽然不是绝对的，但一般来说只有哺乳动物才有外耳。象、猴子、兔子这些哺乳动物都有很明显的耳朵。而青蛙、蚯蚓等两栖动物，鸡、鸭等鸟类，蜥蜴、蛇等爬行动物，都没有外耳。当然也有例外，鲸是哺乳动物，但它没有外耳，它的耳朵位于眼睛后方，非常不明显。耳郭的作用就是收集声波，让我们能听到很微弱的声音。

这里我们必须要停下来，讲一点物理知识。声音分大小，也分高低。这是什么意思呢？

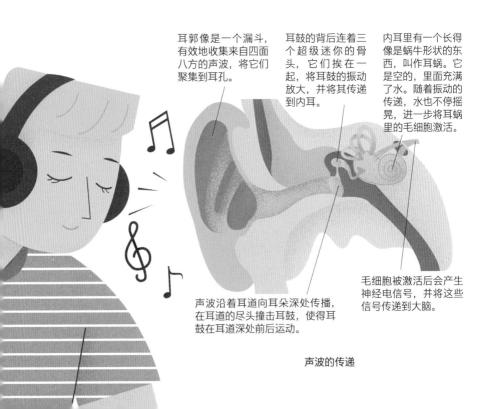

耳郭像是一个漏斗，有效地收集来自四面八方的声波，将它们聚集到耳孔。

耳鼓的背后连着三个超级迷你的骨头，它们挨在一起，将耳鼓的振动放大，并将其传递到内耳。

内耳里有一个长得像是蜗牛形状的东西，叫作耳蜗。它是空的，里面充满了水。随着振动的传递，水也不停摇晃，进一步将耳蜗里的毛细胞激活。

声波沿着耳道向耳朵深处传播，在耳道的尽头撞击耳鼓，使得耳鼓在耳道深处前后运动。

毛细胞被激活后会产生神经电信号，并将这些信号传递到大脑。

声波的传递

正如前面所说，物体的振动引发了波动，形成了声波，被人或动物听觉器官所感知，这就是声音。

物体振动的幅度则决定了产生的声音的大小。我们用"响度"（或说音量）来形容声音的大小，用分贝（dB）来量化响度的大小。而物体振动的速度大小，决定了产生的声音音调的高低。我们用频率来形容振动的强弱，用赫兹（Hz）来量化频率的高低。

如果你还没有在物理课上学过，那么这两个概念可能有些难以理解。如果是这样，你一定要像科学家一样实践下面这个小实验。

● **像科学家一样实践**

　　拿把长一点的塑料尺或钢尺，放在桌子的边沿，按住一头，同时让另一头露出边沿一截，用另一只手来拨动露出边沿的那一头。拨动尺子的时候，尺子就会振动，尺子划过空气产生了声波。如果你把拨动尺子的力度加大，就会看到尺子振动的幅度也变大了，这样产生的声音也会更大。如果你滑动尺子，调节露出边沿的长度，露出的长度越短，拨动时它的振动速度会越大，所产生的声音音调也会越高。

耳朵越大，其实并不一定能收集到越多声波，重点在于形状。但如果耳朵是立起来的三角形，像狐狸、猫、狼那样，那确实可以让更多声音聚拢起来。

声音聚拢起来，就可以进入中耳。中耳是个长长的管道，叫耳道，像个半开放的走廊，连接着一层很薄的皮肤，叫作鼓膜。声音通过耳道，撞击在鼓膜上，被鼓膜反弹回来，同时也让鼓膜前后振动。因此，掏耳屎的时候一定要小心，不能太用力，也不能太深，要是把鼓膜戳破了可就糟糕了。也不要用棉花棒来清洁耳道，棉花棒会将耳屎推向鼓膜，把鼓膜堵住。

前面我们提到蛇没有外耳，那它是怎么听到声音的呢？蛇其实是从蜥蜴进化而来的，因为环境的不同，蛇需要游泳或者在沙地、草丛中穿梭的时间变多，物竞天择让蛇的身体变得越来越长，也更偏向于流线型，最后连腿也消失了。为了保护身体，蛇的身体布满了鳞片。蜥蜴没有外耳，但它还有鼓膜，而因为鼓膜非常脆弱，若将其暴露在体外，则蛇在地面上滑行时很容易受伤，因此鼓膜在蛇的进化之路上被遗弃。虽然今天的蛇已经没有了鼓膜，但它可以通过腹部和下巴上的骨头直接接触地面，将振动传递到耳蜗，这叫作骨传递。这有点像我们把耳朵贴在墙上听隔壁邻居的声响，虽然不清楚，但还是能够听到的。

声音到达鼓膜之后会发生什么，下一节为大家揭晓。

🧠 **大脑速记**

- 听觉是耳朵识别声波后形成的。
- 声音的传播要经过外耳、中耳和内耳。
- 用棉花棒来清洁耳道不是明智之举。

小孩能听到大人听不到的声音吗？
内耳的工作

我们已经讲了耳朵的前两个部分，外耳和中耳，最后说到了鼓膜。

鼓膜之后就是内耳。内耳的结构颇为复杂，但你一定要记住它最重要的结构——耳蜗。

耳蜗是一个长得像蜗牛壳的结构，它的中文名也由此得来。它是一个装满水的蜗牛壳，而且沿着壳的内壁，密密麻麻地排列着一种特殊的细胞，叫作毛细胞（hair cell）。

鼓膜振动的时候，会带动耳蜗里的水，使得耳蜗内壁上的这些毛细胞的毛也"摇曳"起来，像在水底的海草一般。毛细胞会通过在水中摇曳，将声音的不同频率转化成不同的神经信号。这样大脑就能听见不同的声音了。

耳蜗的不同位置负责转化声音的不同频率。想象把卷着的耳蜗拉直。粗大的这头（位于耳蜗根部）的毛细胞专门负责高频率的声音的转化，而尖的那头（位于耳蜗中央）的毛细胞专门负责低频率的声音。所以负责最高频的声音的毛细胞数量是少于中频率区间的，这也导致随着年龄的增长毛细胞逐渐死亡，我们最先听不到的为高频率声音。

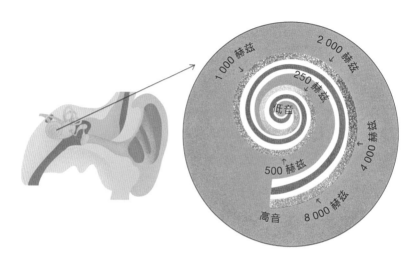

耳蜗不同位置的频率识别差异

声波振动频率越高，声音听起来音越高、越尖、越细；声波振动频率越低，声音听起来越低沉。如果你弹过钢琴，就会知道钢琴键盘从左到右的音越来越高。耳蜗的不同位置与之类似。

人类能听到的声音频率范围是 20 ～ 20 000 赫兹。这是正常人的极限。不少读者在看本书的时候可能还未成年，应该还能听得到 15 000 赫兹以上的声音。有个英国大叔非常讨厌社区里老是在他家门口玩耍的小孩，就制作了一个专门不间断发出高频声音的机器，放在家门口。因为他已经听不到了，所以对他无影响，但小孩子靠近时，就会听到那些烦人的高频噪声，然后逃跑。这种仪器在英国的一些火车站也能看到，是专门用来避免小孩靠近的。

写这本书时，我已经 28 岁了。虽然平时我很注意用耳卫生，比如不在过于吵闹的地方长待，听音乐时尽量调低音量，尽量使用音响而非入耳式的耳机，我的听觉相对于同龄人来说是健康且正常的，但因为年龄的增长，我已经听不见最高频的声音了。等我到 35 岁的时候，听力将会有更明显的衰退。这倒不是因为我生病了，而是自然的衰老所致。

你的父母可能 40 岁左右，你可以去问问他们有没有注意到听力的衰退。很有可能他们完全没注意到自己的听觉和 18 岁时有什么区别。这也是正常的，因为我们的听力是用来日常交流和发现危险的，与我们生活相关的自然声音频率通常在 1 000 ～ 4 000 赫兹，35 岁的时候对这个区间还是很敏感的。

要注意的是，过长时间听音乐或是在过吵的环境下生活都会导致毛细胞死亡。而毛细胞的死亡是不可逆的。所以一定要注意用耳卫生。眼睛不好可以戴眼镜，耳朵不好就得戴助听器，甚至可能得开刀做手术安装人工耳蜗，这些可比眼镜麻烦多了。虽然助听器和人工耳蜗的发展已经很迅速，价格也越来越能够让人承受，但还是不便宜，而且佩戴也很显眼，影响生活和交流。想象一下，你五六十岁时就无法和亲友们沟通，甚至没有意识到自己无法听见，渐渐地没有人和你交流，你独自一人坐在沙发上的感觉是多么糟糕啊。

▶ **像科学家一样思考**

如果我们有兔子那样的长耳朵，听到的声音会出现怎样的变化？如果是大象那样像个大扇子一样的耳朵呢？

■ **大脑速记**

- 随着年龄的增长，我们最先听不到的是高频声音。
- 人类能听到的声音范围是 20 ~ 20 000 赫兹。
- 长时间听音乐、处于很吵的环境都会让我们的听力下降。

为什么有些人受不了别人吧唧嘴？

恐音症

你有没有发现，有的人极其讨厌别人咀嚼的声音，这不是矫情，这叫"恐音症"（misophonia），有时候也被称为选择性声音敏感综合征。

"恐音"的字面意思，就是"厌恶（特定的）声音"。咀嚼时发出的吧唧声就是个很好的例子，但令人厌恶的声音也不仅是咀嚼带来的，而可能是任何别人发出的声音，包括且不限于咀嚼时发出的吧唧声、吃薯片的声音、吞咽声、在耳边低语声、吹口哨的声音、喝水的声音，甚至粗重的呼吸声。有些人还会对机械的声音非常敏感，比如钟表的嘀嗒声。听到这些声音时，有些人会感觉非常烦躁、暴躁，甚至焦虑。大多数人会选择尽快远离声源，如果不能离开会非常难受。

我开始完全不知道恐音症的存在。虽然有一种情况我极其讨厌，那就是说话时因为嘴巴里口水很多偶尔发出微弱的"bia"声，在这种情况下，我完全无法将注意力放在说话者的内容上，根本听不下去。因为我读博士时研究过人对各种声音的反应，所以一位有恐音症的学生来找我讨论，我才知道了这种症状。

据我们对英国恐音症群体的了解，每个人厌恶的声音都有些不同，但绝大多数有恐音症的人都会讨厌一种典型的声音：嚼口香糖的声音。

恐音症最先由美国神经科学家帕维尔·贾斯特波夫（Pawel Jastreboff）和玛格丽特·贾斯特波夫（Margaret Jastreboff）在 2000 年提出。虽然在临床上还不被认为是疾病，它既不算听觉疾病，也不算精神疾病，但确实这方面的研究越来越多了，也有研究发现有恐音症的人的大脑确实和没有恐音症的人的大脑明显不同。

最经典的一个研究成果发表于 2017 年，该研究恰好是我的同事蒂姆·格里菲思（Tim Griffiths）和他的团队的工作 ❶。他们发现，有恐音症的人的大脑对声音的显著性（saliency）的处理和常人不同。

恐音症
misophonia

极度厌恶一些特定的声音，比如嚼口香糖的声音。

❶ Kumar S, Tansley-Hancock O, Sedley W, Winston JS, Callaghan MF, Allen M, Cope TE, Gander PE, Bamiou D-E, Griffiths TD (2017) The Brain Basis for Misophonia. Current Biology 27(4):527–533.

　　什么是显著性？我们先拿视觉上的显著性来解释。比如你的面前有一张白纸，白纸上只有一个黑点，一眼看过去，你肯定下意识地将第一眼定在那个黑点上。在这种情况下，我们就可以说那个黑点在这张图片中显著性最高。换个例子，如果"黄配黑"比"浅蓝配浅绿"更吸引注意力，就可以说"黄配黑"有更高的显著性。换言之，图像显著性就是一张图片中最显眼的地方。

　　而听觉中也有类似的概念。比如，对于常人来说，呼吸声和火警铃响声相比，火警铃肯定更加吸引注意或"有更高的显著性"，这是完全自动的，你无法控制，因为大脑和听觉系统天生就对火警铃这样的声音异常敏感。

　　火警铃听起来感觉非常粗糙，这个粗糙性在声学上也是可以量化的。我发现，声音的粗糙性越高，就越会更早地引起人的注意力[1]。火警铃是人们故意将其设计得很粗糙的，那自然界中最粗糙的声音是什么呢？答案是动物的尖叫声。这很有趣，人们天生就对尖叫声非常敏感，这是有进化优势的，因为尖叫声往往说明遇到了危险。对尖叫声保持高度敏感，能给我们自己争取到更多生存的机会。

　　研究发现，在听到火警铃这样高显著性的声音的那一刻，大脑里专门处理显著性的脑区岛叶（insular cortex）会被激活（回看第 05 节）。岛叶

❶　Zhao S, Yum NW, Benjamin L, Benhamou E, Yoneya M, Furukawa S, Dick F, Slaney M, Chait M (2019) Rapid Ocular Responses Are Modulated by Bottom-up-Driven Auditory Salience. J Neurosci 39(39):7703–7714.

会向身体发送信号，加速心率，使皮肤冒汗，同时还会向调节情绪的脑区发送信号，让你感到烦躁、紧张，甚至恐惧。这套系统叫作声音显著性和情绪调节网络。

蒂姆·格里菲思和他的研究团队进一步通过功能性磁共振成像发现，恐音症患者的大脑的情绪调节网络的连接不同寻常。具体来讲，在听到这些声音的时候，他们的负责监控感知信号并调节吸引注意力程度高低的岛叶（回看第05节）和一系列分析与调节情绪的大脑区域，包括后内侧皮层 ❶（与意识调节相关，位于额叶）、腹内侧前额皮层（控制冲动行为，位于额叶）、海马（控制记忆，位于边缘叶）和杏仁核（amygdala，产生负面情绪，位于边缘叶，后文将详述它，参见第25节）之间的连接更强。很有可能就是这些差异，使得他们对特定的声音异常敏感，并产生难以控制的情绪。

恐音症真的不是矫情多事。除大家都讨厌的那些尖锐的声音外，可能还有一些你觉得普通的声音在恐音症人听来就是恼人的噪声，希望大家能够意识到恐音症的存在，相互理解。如果你觉得自己可能也有恐音症，虽然现在不知道该如何改变这种症状，但也不要太担心，首先要学习如何应对这种情况，比如随身带消音耳机，当听到令你非常难受的声音时，戴上耳机屏蔽它。

---

❶ 如果想了解更多后内侧皮层是如何与意识产生联系的，推荐阅读安东尼奥·达马西奥（Antonio Damasio）写的《当自我来敲门》（*Self Comes to Mind: Constructing the Conscious Brain*），特别是第9章，作者从睡眠、植物人等方面详细地分析了后内侧皮层在意识构建中的作用。该书中文版已由湛庐策划，北京联合出版公司2018年出版。

在知乎上科普过恐音症后，我收到了很多私信，很多来信者情绪激动，说被误解了很多年，也迷茫了很多年。可能这就是科普的意义之一吧。即使现在我们对这种症状的了解还不足以治愈它，但当你得到它的可靠信息后，看待它、看待自己的心情会不一样。

■ 大脑速记

- 如果你十分厌恶嚼口香糖的声音，不妨了解一下"恐音症"。
- 人类天生就对火警铃和动物的尖叫声异常敏感。
- 岛叶专门处理高显著性的声音。

为什么桂花和便便闻起来不一样？

嗅觉形成

你肯定想不到，我们其实不是用鼻子闻气味的。

实际上，在鼻子后面、口腔上面有一个很大的空间，我们称之为鼻腔。而我们用鼻腔中央最高处的一层很薄很薄的细胞感知气味。这层细胞叫作嗅上皮（olfactory epithelium），组成嗅上皮的细胞叫作嗅觉感受器细胞。人的嗅上皮面积大概有 10 平方厘米，而狗有 170 平方厘米，是人的 17 倍！可见人鼻子和狗鼻子那真的不是一个档次的。

嗅上皮其实不只包含嗅觉感受器细胞，还有支持细胞（supporting cell）和基底细胞（basal cell）。支持细胞的作用有点类似于大脑里的胶质细胞（回看第 02 节），主要起着辅助嗅觉感受器细胞的功能，它的一大作用是分泌黏液，粘住空气中的化学物质，方便嗅觉感受器解析气味。而基底细胞其实就是幼年状态的嗅觉感受器细胞。一般来说嗅觉感受器细胞的生命周期为 4 ~ 8 周，它是神经系统中少数几种会不断死亡再生的神经细胞之一。

这些嗅觉感受器细胞直接连接着大脑的嗅球（olfactory bulb）。嗅球的结构非常有意思，它直接连接着大脑的边缘系统，边缘系统（在基础篇提到过）主管着我们的情绪，同时也负责处理和储存记忆。嗅觉是五感中唯一直接和边缘系统相连的感觉。这一特点可以解释为什么气味似乎更能够带动我们的情绪，勾起我们的回忆。

对我来说，最让我怀念的气味就是秋天公园里弥漫的桂花香气。我 18 岁时就离开成都，之后一直在英国伦敦生活。伦敦鲜有桂花，即使有也没有成都的那么香。每次闻到桂花香，我脑海里都想起小时候和妈妈、外婆一起去人民公园捡桂花做年糕的场景，对我来说那就是家的味道。

花是香的，便便是臭的。它们的香臭由其所散发的"气味"决定，而"气味"又全由化学物质决定。一听到"化学物质"这个词，你可能会想到化学课上用的那些危险的液体或者厨房和厕所里用于清洁的漂白剂。实际上，你环顾四周，全是化学物质。不管是固体、液体还是气体，只要是分子之间通过化学反应产生的东西，都叫化学物质。

我们时刻都在呼吸，吸入的空气就是化学物质，是氮气、氧气、二氧化碳及其他分子的混合体。绝大多数化学物质暴露在空气中时，会或多或少地分解，使得微量的化学物质溶在空气之中。而这些微量的化学物质被吸进鼻子里，经过嗅上皮的

嗅球
olfactory bulb

用于感知气味的大脑区域。

时候，被嗅上皮外层的液体粘住，进而被嗅觉感受器细胞识别。嗅上皮外层的黏液非常薄，而且每 10 分钟就会被自动替换。这也是为什么有时候明明气味一闪而过，但你似乎好几分钟都能闻到它。

这种机制也能解释另一个现象：为什么你有时候把鼻子凑上去快速地猛吸，反而闻不到什么味道。因为吸得太快了，气味还没有来得及和嗅上皮外面的黏液接触到，就进入你的肺部了。

桂花盛开时，虽然每一朵桂花都很小，但它会向空气释放大量的甜味化学物质，闻起来又浓又香。这种香味对于桂花来说也很重要，因为只有这样，初秋的昆虫才能找上门来帮它授粉。

而便便闻起来那么臭，是因为我们天生就讨厌这个气味。嗅觉最主要的功能就是寻找食物，好的气味帮我们找到好的食物，而坏的气味也能帮我们避开坏的食物。粪便绝对不是我们应该吃的东西，因为粪便中往往有各种细菌，食入它们容易生病，对生存来说这是一定要避免的行为。所以在进化的道路上，大脑已经天生讨厌便便的气味，这样无论出于有意还是无意，我们都不会把这种不能吃的东西吃下去了。

■ **大脑速记**

- 嗅觉感受器细胞是少有的会不断死亡和再生的神经细胞。
- 气味比其他信号更能激发情绪和回忆。
- 吸得太快反而闻不到味道。

舌头的不同部位尝到的味道不同吗？
味觉形成

上一节我们讲了什么是"嗅觉"，这里我们来讲讲"味觉"。

人类是杂食动物（omnivore），就是指我们可以吃植物和动物，不需要只依靠某一种食物来维持生命，因此我们对生活环境有很强的适应能力。这里点名批评熊猫和考拉，它们实在是太挑食了。我们身边最常见的杂食动物有鸡、鸭，要是你在英国还能经常碰上狐狸，在加拿大能看到熊和浣熊，这些都是有名的杂食动物。

虽然成为杂食动物让我们的适应能力增强了，但也带来了一个很大的问题，那就是我们必须要能够辨别什么能吃、什么不该吃。味觉由此而来。

我们天生喜欢甜食，甜食带来的满足感让我们在婴幼儿时期愿意吃母乳。绝大多数人不会喜欢苦味，这是因为很多有毒的物质是苦的。讨厌吃苦的，一进嘴就会意识到无法下咽，立即吐出来就会救自己一命。当然人生经历会大大地改变我们对味觉的喜好，比如我长大后就挺喜欢吃苦瓜、喝咖啡，相反我不太喜欢吃甜食。

虽然不同地区、不同食材、不同的烹饪方式会产生不同的风味，但总的来说，我们能用舌头尝出来的味道主要分为五种最基本的味道：酸、甜、苦、咸和鲜（umami）。umami 是发现它的日本化学家池田菊苗根据日语"美味的"将 umai（うまい）和 mi（味）结合创造的新词。味精是这个味道的最佳代表，但实际上酱油和番茄中也富含"鲜"的成分。

味觉和嗅觉其实非常类似，都是依靠解析化学物质产生的感觉。大多数的酸（acid）尝起来是酸的，大多数的盐（salt）尝起来是咸的。甜的东西有不少，譬如从简单的糖（sugar）到各种各样的蛋白质（protein）都是甜的。苦味来源于一些类似于钾离子的单离子（ion）或是一些有机分子，譬如咖啡里的咖啡因。而鲜味则和氨基酸（amino acid）有关，氨基酸是构成蛋白质的基本单位，比蛋白质小很多。当你的身体缺盐的时候，你往往会感觉疲惫乏力，这时候饥饿的你往往会很想吃带点咸味的食物。

说到这里，要特别注意，味觉和味道是不一样的。味觉指的是把食物放在舌头上的感觉，基本上有五种感觉，就是上面说的酸、甜、苦、咸和鲜。味道是指口腔和鼻子同时感受到的一种综合感觉。你可能会注意到，当你感冒，鼻子堵了，就会吃什么都没味道，这就是因为你在吃东西的时候闻不到食物的气味了。鼻子闻到的气味，不一定全是从鼻孔吸入的。口腔后方也和鼻子相连，你在咀嚼的时候往往也能闻到气味，只是你没有注意到而已。

那我们是怎么用舌头尝到味的呢？

负责识别味觉的器官非常小，叫味蕾，它们密密麻麻地排布在舌头表面。每个味蕾有 50 ~ 150 个味觉细胞，这些细胞中的每一个都对五种味觉之一特别敏感。当对糖敏感的味觉细胞被激活时，它就会给大脑发送"甜"的信号；若是对盐敏感的味觉细胞遇上了盐，就会给大脑发送"咸"的信号。如此等等。那没有舌头我们还能尝到味吗？能。因为整个口腔里都有味蕾，只是舌头上的味蕾最为敏感。

不知道你有没有听说过"舌头味觉地图"这个说法。2006 年我在读中学的时候，人教版的生物课本上还提到了它，但它其实是错的。所谓的"舌头味觉地图"是说，舌头上有特定的区域专门负责一种特定的味觉：舌尖对"甜"最敏感，舌根对"苦"最敏感，舌头两侧靠前负责"咸"，而靠舌根的地方则负责"酸"。

● **像科学家一样实践**

　　找不同味道的食物，放在自己舌头不同的位置上试一试。再多找几个朋友试一试。

其实，正如我们前面所说的，每个味蕾里都会有五种味觉细胞，而且舌头上到处都是这样的味蕾。照镜子的时候，你可以把自己的舌头伸出来仔细观察一下。你会注意到，舌头的表面是不平滑的，有很多小包包。在每个小包包里都有一到几百个味蕾。而且舌尖的小包包要小一些，越往根部包包越大。在人的舌头这么小的区域上就有 2 000～5 000 个味蕾。而每个味蕾上都有各种各样的味觉细胞，每个味蕾都可以识别所有的味道，所以每个味蕾都是全面发展的优秀"人才"。所以，所谓的"舌头味觉地图"是错的。

前几年有个很有名的纪录片叫作《舌尖上的中国》。这个名字起得挺好的，因为从理论上来讲，舌尖是味觉相对敏感的区域，越靠近舌尖，味蕾数量越多。

> ■ **大脑速记**
>
> - 我们天生喜欢甜食。
> - 产生味觉靠舌头，产生味道靠鼻子和口腔。
> - 舌头上的每个味蕾都能让我们尝出五种味道。

麻味、辣味不是味？
特殊的感觉

你喜欢吃火锅吗？麻婆豆腐呢？如果你确实吃不了辣，也别忧伤。这不能怪你。毕竟，麻和辣都不是味觉，麻是触觉，而辣是痛觉。

咱们先来说说麻。

麻是一种触觉，这种说法并不稀奇。问题是它既然是一种震颤的感觉，那它的振动频率是多少呢？

我认识的一位日本同事对这个问题特别感兴趣。这位同事名叫羽仓信宏，是一名专门研究触觉的科学家。他在唐人街吃麻婆豆腐的时候，被四川花椒给震惊了，感觉完全是手机在舌尖振动一般。

虽然日本也有花椒（他们叫山椒），但没有四川花椒麻得那么带劲儿。在此之前，学术界已经知道麻其实是一种类似震颤的触觉，但没人知道振动频率到底是多少。

为了找到这个问题的答案，他做了一个简单的实验[1]。

他招募了 28 个没有吃过花椒的英国人，给他们的下唇涂了一些花椒的提取物，然后把他们一根手指放在一个可以产生特定频率震颤的小仪器上，让被试自己感知两者的震颤频率是否相同。他最后发现，花椒带来的振动频率为 50 赫兹，也就是每秒振动 50 次。

其实，赐予花椒"电击特技"的是一种叫羟基甲位山椒醇的分子。此处的"山椒"在日语里指的就是四川的花椒。

当我们的皮肤触碰到羟基甲位山椒醇时，它会激活皮肤下一种专门负责感知触觉的神经纤维。这种神经纤维专门负责向大脑传递 50 赫兹的震颤感。一般来说，要激活它，必须让皮肤以 50 赫兹频率振动。而如果有了羟基甲位山椒醇，即使没有振动，它也会被激活。明明没有东西在舌尖上震颤，大脑却感觉是种震颤。

让我们再来看看辣。

辣是一种痛觉，这其实在生活中非常容易理解。吃完火锅的第二天，

[1] Hagura N, Barber H, Haggard P (2013) Food vibrations: Asian spice sets lips trembling. Proceedings of the Royal Society B: Biological Sciences 280(1770):20131680.

便便的时候肛门都会感觉辣辣的。若辣只是个单纯的味觉，那肛门上也长味蕾了吗？

痛觉其实也是一种触觉，我们的皮肤中有很多专门负责感知痛觉的神经细胞。你可以把神经细胞想象成一个管道。管道内外都充满了液体，有各种正、负离子。管道的表面有很多窗子。当窗子打开的时候，管道外的离子就涌入管道内。管道里有各种机关，能被不同的离子用不同的姿势解锁，进而激活神经细胞，让它向下一个神经细胞传递信息。

一般情况下，窗子都是锁上的，而窗上的锁叫"受体"。这些负责传递疼痛信息的管道都是安安静静的，这样你就不会感觉到痛。

而其中一种受体叫作辣椒素受体。这种受体只要一碰到辣椒素，二话不说就开窗。一开窗就不得了，引起管道里一系列"散播温暖，传递疼痛"的活动，让大脑误以为是一种灼热带来的疼痛感。

但辣并不是烫，烫是实实在在地给皮肤进行物理加温，因此我们不能用喝冷水、吹凉风的方式来解辣。相反，因为辣椒素不溶于水，冷水不仅不能冲走辣椒素，还会使辣椒素扩散得更远，引起更多受体的反应。最有用的解辣方式还是喝冷牛奶或豆奶，甚至带糖的饮料，因为它们可以解除辣椒素和受体的结合。

● **像科学家一样实践**

下次去吃火锅的时候，拿四瓶饮料亲身体验一下它们各自的解辣效果：一瓶冷水、一盒同温度的牛奶或豆奶、一瓶含糖但无气泡的饮料（比如王老吉）和一瓶含糖的汽水（比如雪碧、可乐）。不过，作为神经科学研究人员，我从神经科学中学到的一个关键就是：自己的主观感觉最不靠谱。

■ **大脑速记**

- 麻是种触觉，辣是种痛觉。
- 牛奶比冷水更解辣。

为什么无糖可乐喝着不带劲儿？

代糖工作原理

你喝过无糖可乐吗？在美国叫零度可乐，因为可口可乐公司说这种饮料是零卡路里的。我们常喝的饮料和常吃的零食里往往有很多糖分，这些糖分来自各种各样的甜味剂。而无糖可乐以及低糖可乐其实就是指不含营养性甜味剂的可乐，但为了让可乐尝起来还是有甜味的，无糖可乐里添加了一种名叫"阿斯巴甜"的非营养性甜味剂。

我们可以按照甜味剂所含热量多少，将它分为营养性甜味剂（如蔗糖、山梨醇、木糖醇）和非营养性甜味剂（如阿斯巴甜）。简单来说，非营养性甜味剂吃了不容易长胖。

阿斯巴甜又叫代糖。它比一般的糖甜 200 倍，热量却更少，糖尿病患者也可以食用，所以常常被用来在饮料和口香糖中代替营养性甜味剂。但阿斯巴甜在高温下会分解，所以不能加入热饮，也不适合用于烹饪。

上一节我们说到了舌头是怎么尝味道的。那照理来说，咱们只有嘴巴里有味蕾，只要在品尝食物的时候，骗过舌头，就能一叶障目地骗过大脑。之前也确实有许多神经科学领域的研究发现，这种代糖会像一般糖那样激活味蕾，进一步激活味蕾里负责识别甜味的味觉细胞。那是不是无糖可乐的味道就和普通可乐完全一样了呢？

很有意思的是，虽然无糖可乐尝起来确实和普通可乐很像，大家也说不出来有什么不同，但还是有不少人觉得无糖可乐不够过瘾，没有普通可乐好喝。即使在说不出区别的情况下，也会更偏向于选择普通可乐。

● 像科学家一样实践

下次喝饮料的时候，看看包装上的成分表吧！零度可口可乐在世界各地的成分不一样，这导致不同地区销售的零度可口可乐所含热量也不一样。比如在北美和英国，每 100 毫升其实是含有 0.5 卡热量的，这比在中国销售的零度可口可乐的热量要高一些。

为什么代糖明明已经像普通糖一样激活了舌上的味蕾，却还是没有骗过大脑呢？

美国哥伦比亚大学的神经科学家查尔斯·朱克（Charles Zuker）和他的团队一直都在研究这个问题。2020 年他们发现，虽然代糖可以骗过舌头，但无法完全骗过大脑。背后的原因是，有一条从肠道通往大脑的神经也会感知糖分，只有真正的糖才能在肠道里激活这条神经，进而让大脑感到满足 [1]。

他们做了一个很简单的实验。他们准备了两种饮料，一种加了普通的糖，另一种加的是一种名叫安赛蜜的非营养性甜味剂。他们将这两种饮料放在老鼠的房间里，让它们自由选择。第一天老鼠两种饮料都尝试了，但到了第二天它们只选择加了糖的饮料喝。

更有趣的是，即使把老鼠舌头上的负责识别甜味的味觉细胞给关掉，让它们的舌头尝不出甜味，老鼠也还是会选择含有糖的饮料。

朱克博士的研究小组进一步研究了老鼠在喝不同种类的糖水时的大脑活动。结果表明，老鼠在喝真糖水的时候脑干里的孤束核（nucleus of the solitary tract）会变得活跃，在喝假糖水的时候却不会。在人类的大脑里，孤束核连接了舌头上和肠胃里的味觉神经，会控制我们的咳嗽、呕吐等反射行为。

他们进一步发现，真糖水进入肠道后，会激活肠道和大脑之间的神经，进一步激活孤束核，让肠道向大脑发送信息"吃到糖了！"。但假糖水不能激活这条神经。为了确认是不是这条神经起到了关键作用，他们在一些老鼠身体里做了些手脚，让这条肠道到大脑的神经被阻断，结果这些

[1] Tan H-E, Sisti AC, Jin H, Vignovich M, Villavicencio M, Tsang KS, Goffer Y, Zuker CS (2020) The gut–brain axis mediates sugar preference. Nature 580(7804):511–516.

老鼠真的分不出糖水的真假了。相反，如果他们在老鼠喝假糖水的时候也去激活这条神经，老鼠们也会爱上假糖水。

　　虽然这个研究是在老鼠身上进行的，但很有可能人的身上也有类似的机制。所以想要让食物真的有灵魂，只混过舌头不行，还得瞒过肠道，才能骗到大脑。我们和老鼠真的都太难了，为了吃口糖，太不容易了……

■ 大脑速记

- 代糖比糖甜 200 倍，热量却更少。
- 代糖能骗过舌头，却骗不过大脑。
- 喝真糖水时，老鼠脑干会变得活跃，喝假糖水则不会。

为什么吃太多会觉得困？

消化时的脑

我们饱餐一顿后老是想睡觉，这是个很常见的现象。一直以来，我们以为这是个很简单的生理现象，就是因为吃太多后，为了消化大量的食物，大多本该去大脑的血液集中到了消化系统，专心支持消化工作。因为大脑需要大量新鲜的血液，这种稍许的不平衡，使得大脑感觉动力不足，让你感觉到困倦，想去休息，以此减少身体其他肌肉进一步抢夺输给大脑的血液的可能性。这一套解释听起来很有道理，其实是不太科学的。

2016 年 11 月刊发于 *eLife* 杂志的一篇论文[1] 有个有趣的新发现。研究人员通过观察果蝇在吃饭后的睡眠规律，发现只有吃过某些食物之后，果蝇才会变得困倦。譬如，摄入盐分和蛋白质会让果蝇在饭后 40 分钟内感到困倦，而吃糖并没有这个效果。补充一句，果蝇，学名为

[1] Murphy KR, Deshpande SA, Yurgel ME, Quinn JP, Weissbach JL, Keene AC, Dawson-Scully K, Huber R, Tomchik SM, Ja WW (2016) Postprandial sleep mechanics in Drosophila. eLife 5:e19334.

Drosophila，就是炎热夏天中老是围绕着你家水果转悠的那种苍蝇。

接着，他们在果蝇吃饭的时候，观察它们的大脑活动，有两个发现。

在吃完蛋白质后，蛋白质会激活大脑中神经细胞上的白细胞激肽受体（leucokinin receptors），当这种机关被激活时，果蝇就会感到困倦。那白细胞激肽是什么呢？它是一种神经递质，之前我们在基础篇的第 04 节中提到，神经递质是神经细胞之间的通信员。这种神经递质负责调节果蝇的进食规律。当研究人员将负责生产这种白细胞激肽受体的基因敲掉后，果蝇在饭后想睡觉的现象就消失了。

催产素 oxytocin

是一种神经递质，会增加"依赖感"和减少焦虑。但直接使用它是没有用的，因为催产素不能通过血脑屏障。

而盐的代谢会影响催产素（oxytocin）在大脑里的活动。催产素也是一种神经递质，这种神经递质最主要的功能是女性在生小孩时，引发和加强子宫收缩，所以它才被称为"催产"素，即催促生产的意思。同时催产素还会增进妈妈和孩子之间的感情，让刚生下小孩的女性自动地想亲近孩子。但催产素不仅仅在生小孩，或者仅在女性身体中起作用。当我们和喜欢的人拥抱和接吻的时候，大脑也会产生更多的催产素，起到减少焦虑的作用。但要注意的是，虽然网上也可以买到催产素喷雾，但请不要随意使用。催产素并不能通过血脑屏障，其实不会作用于你的大脑，即使产生了效果，很多时候也是负面效果，如果没有医生的处方，请不要轻易尝试。除此之外，催产素的提高会影响睡眠调节 [1]，这使得果蝇在吃了含有盐的食物后感到困倦。

所以"饭后血液都到胃里去了，所以会困"这个解释是不靠谱的，在这个常见现象的背后应该有更复杂的原理。但话又说回来，为什么我们需要"饭后感到困倦"呢？这个现象在进化过程中怎么没有消失呢？毕竟对于生活在野外的动物来说，睡觉等于假死，是非常危险的行为，所以如果不必要，就应该尽量不去睡觉，特别不应该在白天吃完饭后去睡觉。但另一种解释是，这个饭后的困倦感帮助我们在吃饭后尽量不要动，帮助消化，同时还帮助我们巩固了关于食物的记忆：这吃的从何而来？下次怎么来这里吃？它让我们的饮食变得更加安全和可靠，对长期生活有一定的进化优势。

■ **大脑速记**

- "饭后想睡觉是因为血液都去胃里了"的说法是个伪科学。
- 摄入盐和蛋白质会让果蝇犯困，糖却不会。
- 催产素不仅会影响睡眠调节，还能减少焦虑。

---

❶ Lancel M, Krömer S, Neumann ID (2003) Intracerebral oxytocin modulates sleep–wake behaviour in male rats. Regulatory Peptides 114(2-3):145–152.

你以为你以为的就是你以为的吗？

知觉偏差

　　下面这张图是心理学领域非常经典的图片，叫作卡尼萨三角。你看到图中那个无边的三角形了吗？看起来一个白色三角形覆盖在一个黑边的三角形和三个黑色圆圈上。其实压根儿就没有什么白色三角形。你看到的那个无边的三角形是不存在的，这是一个视觉错觉。

卡尼萨三角

你再来看看这是什么？

你大概会说这是一张脸。其实这个图像完全没有任何意义，它就是三个圈和一个横。但当你看见它时会下意识地把它与常见的视觉信号"脸"联系在一起。这就是我们常说的"脑补"，英文叫pareidolia（空想性错觉），当人们看到无意义、不相关的事物时，会将它感知为有意义或有关联的。这种情况非常常见，全国各地的石林山区不知道有多少块石头被命名为"望夫石"，其中最有名的大概是安徽的涂山望夫石。

说几句题外话，每块望夫石都有相当感人的故事，但绝大多数完全经不起推敲。就拿安徽涂山望夫石来说，说其和"大禹治水，三过家门而不入"的故事有关，是大禹的老婆变成的石头。这完全是人民群众脑补过多。

脑补完全是无意识的，把蒙娜丽莎的半边脸遮住你也能认出她，想象出她的另一半脸。即使你从没见过另半边脸，也能脑补出来，甚至想象出不同角度下的脸。

这并不是你眼睛出毛病了或是大脑坏了，也不

一张脸？

空想性错觉
pareidolia

当人们看到无意义、不相关的事物时，会将它感知为有意义或有关联的。

能简单地解读为这是大脑工作的漏洞，恰恰相反，它显示出大脑日常运作的一个关键，那就是，我们所看到的并非简单地映照所见到的现实世界。视觉也并不是简单地把光投射在一张相纸上那样简单。我们的感知，视觉、听觉、嗅觉、味觉、触觉等，都不是对客观现实的简单反射，而是大脑对现实的解释。

> ▶ 像科学家一样思考
>
> 什么是客观和主观？它们有什么区别？回想一下，今天发生了哪些事？这些事中，哪些是客观的，哪些是主观的？

1867 年，德国物理学家、生理学家和心理学家赫尔曼·冯·亥姆霍兹（Hermann Von Helmholtz）提出：我们感知到的世界是无意识的推论。我们看到一株植物时，之所以知道它是花，是根据以前见过的类似事物推测得出的。1867 年是什么概念呢？中国当时正是清朝同治年间慈禧太后手握重权的时候，亥姆霍兹的这个假设实在是太超前了，基于当时的科学和哲学水平，太难被理解了。

如果你觉得很难理解，我可以举另一个例子说明。当你在速读的时候，阅读速度极快但还是能够理解文字，其实在速读时眼睛并没有仔细看每个字。那你是怎么在提速的情况下理解语句的呢？答案很简单，那就是"提前预测"，很多时候我们看了句子的开头就能估摸出句子的后半部分，或靠几个关键字大脑自动就会把句子捋顺。当然，如果你想要提高阅读速度，达到无意识地"提前预测"，就必须要多读，只有见过类似的句子，你才有可能脑补出来。类似地，大脑从我们一出生起，就不断地在吸收各种各样关于世界的信息和知识，看多了，它才能够做到"提前预测"，才能够给出它对世界的解释。

这个看法充满了哲学气质。换一个角度来看，它揭示了人的思维的致命缺点。当同时面对"熟悉的事物"和"完全没见过的怪物"时，我们自然而然地会偏向于前者，排斥后者。特别是当面对信息不全面的情况时，我们往往会相信自己的推断，即使后面出现了更多的客观证据，我们也会倾向于用证据来证明自己推断的正确性。这个现象在心理学上叫作"证实性偏差"（confirmation bias），就是指人们会倾向于找支持自己观点的信息，对支持自己观点的信息也更加关注，或是把已有的客观信息往能够支持自己观点的方向解释。类似的，还有另一个心理学现象，叫作逆火效应（backfire effect），当人们接收到和自己观点相抵触的观点或信息的时候，除非这些外界来的观点信息足够强，能够完全摧毁原有的观念，否则，人们会选择忽略和反驳这些新观念和信息，甚至强化原有的观念。

眼见，不一定为实。但大脑已经让我们提前相信一切所见即为真实。

我们看到物体的颜色是因为物体反射了特定波长的光，那么物体本来是什么样的呢？这是我一直以来"脑洞合不上"的一个问题。

有些人觉得数学很难，其实这很正常，因为数学的很多概念无法用人类的语言精准地描述出来。我们的思维受限于语言，我们所能观察到的世界受限于大脑对其的解释，而大脑对其的解释也受限于我们的思维和语言。

汉代的文学家刘向曾编纂过一本小说《说苑》，后世从中总结了一句俗语："耳听为虚，眼见为实。"现在看来，不仅耳听为虚，眼见也不为实啊！

"昔者庄周梦为胡蝶，栩栩然胡蝶也，自喻适志与，不知周也。……不知周之梦为胡蝶与？胡蝶之梦为周与？"这段话出自《庄子·齐物论》。

"庄周梦蝶"是两千年前著名思想家庄子提出的一个哲学论点，认为人不能准确地分清真实和虚幻。

两千年后的我们，是否能够分清真实与虚幻呢？

■ 大脑速记

- 感知并非是对现实的反射，而是大脑对现实的解释。
- 看多了，大脑就能"提前预测"。
- 人们容易忽略和反驳与自己观点冲突的观念。

Oh My Brain

本篇小结

- 瞳孔的大小
  - 会随着环境的光亮变化：光线越强，瞳孔越小
  - 会随着兴奋程度变化：去甲肾上腺素升高会使得瞳孔放大
- 视网膜上有两种感光细胞
  - 视杆细胞：感受光线的明暗和物体的运动
  - 视锥细胞：感受颜色，人眼中有三种视锥细胞——红、绿、蓝
- 色盲
  - 红色盲：看不到红色，对绿色也不是很敏感
  - 绿色盲：最常见，能看清红色和绿色，但比常人更迟钝
  - 蓝黄色盲：视觉里大多是红色和绿色的，分不清蓝色和黄色
- 想要看见，还需要大脑
  - 上丘：控制眼球运动反射行为
  - 外侧膝状体→视觉皮层→大脑的其他区域
- 看见之后
  - 感知≠事实，感知=解释
  - 证实性偏差：人们倾向于验证自己假设的信息，而不是寻找否定假设的信息

视觉

- 耳朵
  - 外耳：耳郭收集声波
  - 中耳：耳鼓将声波转换成机械运动
  - 内耳：耳蜗里的毛细胞将机械运动转化为神经电信号
- 人类能听到的声音频率是 20 ~ 20 000 赫兹
- 随着年岁的增长，人的听力会自然衰退，最先听不到的是高频的声音
- 恐音症：极其厌恶某些声音

听觉

- 鼻子：鼻腔上的嗅上皮
  - 嗅觉感受器细胞
  - 支持细胞
  - 基底细胞
- 大脑里的嗅球：直接与负责情绪和记忆的边缘叶连接，解释了为什么似乎气味特别能够带动情绪
- 主要功能是寻找食物：好的气味——好的食物，坏的气味——坏的食物

嗅觉

我们的感知

味觉

Sense and

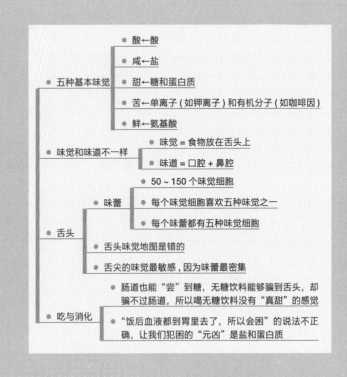

- 五种基本味觉
  - 酸←酸
  - 咸←盐
  - 甜←糖和蛋白质
  - 苦←单离子(如钾离子)和有机分子(如咖啡因)
  - 鲜←氨基酸
- 味觉和味道不一样
  - 味觉 = 食物放在舌头上
  - 味道 = 口腔 + 鼻腔
- 舌头
  - 味蕾
    - 50 ~ 150 个味觉细胞
    - 每个味觉细胞喜欢五种味觉之一
    - 每个味蕾都有五种味觉细胞
  - 舌头味觉地图是错的
  - 舌尖的味觉最敏感,因为味蕾最密集
- 吃与消化
  - 肠道也能"尝"到糖,无糖饮料能够骗到舌头,却骗不过肠道,所以喝无糖饮料没有"真甜"的感觉
  - "饭后血液都到胃里去了,所以会困"的说法不正确,让我们犯困的"元凶"是盐和蛋白质

触觉

- 麻和辣都是触觉
  - 麻是 50 赫兹的震颤感,由羟基甲位山椒醇碰上感知触觉的神经纤维产生
  - 辣是灼烧般的痛觉
    - 辣椒素碰上痛觉神经细胞
    - 喝冷水、吹冷风没用,最好用牛奶或含糖饮料来解除辣椒素的作用

情绪是捣蛋鬼，也是助推器，

它并非凭空而来，悄然而去。

欢迎来到大脑控制中心的第二层。

Oh My Brain

情感 • 篇

人为什么需要情绪？

理智与情感

　　情绪像空气一样，有时候它存在感很弱，就像我此刻坐在电脑前面无表情地打着字，如果不专门去思考，我都没有注意到情绪的存在；有时候它像一阵狂风，让我身在其中不能控制自己，等风过去了，我会觉得刚才那个人根本不是我；有时候它又像一丝微风，轻抚着我，把我吹得飘飘然。

　　如果要讲空气，我们可以从它的成分讲起。在通常的空气中，氮气约占 78%，氧气约占 21%，二氧化碳约占 0.03%，剩下不到 1% 是稀有气体和其他物质。

　　我们可以从类似的角度来解析情绪，情绪有不同的基础成分，比如喜、怒、哀、妒等。

　　你我都体验过情绪，曾快乐过、忧伤过、愤怒过、恐惧过。这些情绪可能来得快，去得也快。比如，在动物园里，如果老虎靠近我并张着嘴向我咆哮，即使平时很喜欢老虎，那一刻我还是不由自主地感到害怕。再比如，你得知自己考试得了满意的分数，即使你没有表现出来，但心中涌起的那份快乐也会让你感到又充实又自豪。在情感篇将会讨论我们不仅能产生情绪、感受情绪，还能表达情绪，甚至掩藏情绪，但我们能做到的远不止这些，情绪的精彩之处不仅限于此，我们在后文会再提到。

说实话，我在这部分停顿了很久，难以下笔。虽然我对它非常感兴趣，甚至差点儿去加州理工学院做情绪方面的研究，但其实我心里头不太喜欢"情绪"。这么说有些幼稚，但我觉得用神经科学研究情绪，实在是太不浪漫了。明明研究其他方面（比如前面的感知和后面的认知）时，每次知识的增加都让我更加好奇，即使简单的现象也变得更加复杂和有趣，但在情绪领域恰恰相反，科学更像是在去除情绪原有的"浪漫"，所以我在写这部分的时候，感觉干巴巴的。

我个人认为，任何对情绪的简单成分剖析，都是对它过度简化的解读，都将它的精彩给黑白化了。如果你看完本篇没觉得"情绪真的好神奇哦"，那绝对是"我的锅"。在此我要先为自己贫乏的知识和语言道歉。为此我重新阅读我所知道的和情绪有关的神经科学科普书，发现了一个有趣的现象：我们很难将一种情绪完全独立看待，讲情绪的书中绝大多数篇幅都写的是情绪是如何影响我们的决策、如何影响我们的感知、如何影响我们的身体，等等，而不会只讲情绪本身。情绪从来不是单独存在的。

神经科学家大卫·伊格曼（David Eagleman）在他的科普书《大脑的

故事》(*The Brain: The Story of You*，这本书也是湛庐引进的，是我最喜欢的神经科学科普书，非常推荐大家阅读）中讲过一个有趣的小段子。他说古希腊人把生活看成一辆战车，由两匹马拉着，一匹白马是情绪，另一匹黑马是理智。这两匹马总是朝着相反的方向跑，而我们自己就是战车的驾驭者，我们的首要任务就是控制好这两匹马，让战车一路往前。

这个比喻很通俗，古希腊时代马拉战车想必已很常见。生活中，我们有时会被情绪影响而逃避一些看起来更理智的选择，比如我本该坐下来好好练琴，但我不想练了；我应该多交朋友，但我很害羞不敢去与陌生人攀谈；我第一次开车需要保持镇定，但我其实非常害怕；妈妈误解了我，我该好好解释，但我很伤心、很生气，就想好好发泄一下，等等。在这些语境下，理智约等于"该做的事儿"，或是"长远来看更有利的选择"，而情绪是"短期的捣蛋鬼"，似乎情绪永远是反派。

但仔细想想，其实很多情绪也不错啊。努力完成学习任务后，那种充斥着胸腔的满足感；帮助朋友渡过难关时，那种充满力量的正义感；看小说时，从一段文字中感受到各式各样的情绪，比如悲伤、喜悦、恐惧；从别人的微表情上看出他心中所想。

所以，对着干的，与其说是情绪和理智，不如说是两种不同的情绪。

前一种情绪，似乎比较短暂，发自本能，比如一瞬间的愤怒、突然袭来的恐惧、难以抑制的悲伤。后一种是经过思虑产生的情绪，更加长久，它或是推动你不断前进，或是让你在不经意间想起时感到伤感。

情绪的类比

现在都 2021 年了，我们换个现代一点的比喻吧。我们不如把生活看成一辆自动驾驶的四轮汽车，它的四个轮子都是情绪，但是有两种不同的情绪。前面两个轮子是上面说的那种来自本能的情绪，负责决定方向，它们一般情况下是平稳前行的，但偶尔会打滑。而后面两个轮子是上面提到的第二种经过思考后产生的情绪，负责提供前进的动力。

在这辆自动驾驶的汽车里，我们大多数时候更像个乘客。提前设定好目标，选择好路线，让汽车自己往前走就行了，而我们就在车里学习知识、锻炼技能，给车升级，为下一段旅程做准备。

绝大多数时候，路况很好，汽车能够平稳地根据你一开始制定的路线往前奔驰。就像我们平时一样，没什么事儿，一切按部就班，心情没有太大的变化。我们甚至没有专门去控制什么，更没有时时刻刻都在控制两匹反向跑的马——那得多累啊！但有时候在路上遇到突发情况，车的前轮会打滑，就像有时我们会一下子控制不住情绪，会忍不住想逃离、想发怒。如果完全不控制它，不去修正它，车可能就会伤害到其他人，或使自己受伤。这时候，作为主人，我们不能继续作为乘客袖手旁观，而应该立即握住方向盘，让汽车在我们的控制之下，平静下来。

这个比喻远比古希腊人关于双马战车的比喻更为复杂，它更符合我们在生活中的实际情况，也更符合现今科学对情绪的了解。

站远一点儿看，拥有情绪是人的缺点吗？想象一个世界，生活其中的每个人都毫无感情，全依照理智做决定，世界会变得更好吗？

有人曾经提议，如果美国总统有权决定是否要向他国发射核弹，那发射的按钮就应该绑在总统的亲生子女的心脏上。这样当总统决定发射核弹炸毁他国人民的时候，他也必须下决心杀掉自己的孩子。无论这一建议是否可行，我们都可以看到情绪对于做重大决定极为重要。你可能会做一个从理智上看堪称完美的决定，但会后悔一辈子。

读中学的时候，我真的觉得情绪很麻烦。我时常想，如果没有情绪，那该多好。甚至如果移除那些伤害他人的小脾气、阻碍我继续努力的疲惫感等负面情绪的代价是同时也要阉割对正面情绪的感受，我可能也会考虑一试。

虽然我现在有时候也觉得自己很烦，明明自己都二十八九岁了，为什么不能像个"大人"一样好好地控制住每个情绪，但我再也不会想移除情绪了。现在回头想想，以前之所以会有那样的想法，可能因为那时候我正处于青春期。因为青春期的大脑就是要更情绪化一些，使我们更难以控制自己。所以我觉得，大家，特别是处于或快进入青春期的读者们，更应该对情绪多一些了解。当然，了解它们的目的并不是为了彻底控制它们。至少我的看法是，情绪有好有坏，它们组成了我，学会与它们共处比单纯地、不顾一切地否定情绪更好。

本节并没有讲神经科学的知识，反而是讲我对情绪的一些看法。这样的做法本身是不太科学的，但如果知识带来的只是知道一些事实，那也太无趣了。希望你在看完本篇后，也能思考一下，情绪对你来说是什么？你希望和它如何相处呢？

■ **大脑速记**

- 情绪从来不是单独存在的。
- 情绪有好有坏，它们组成了我。
- 我们应该学会与情绪共处。

我们为什么要不断努力？

多巴胺和快乐

哈哈，你敢不敢承认你也曾经这么想过！反正我是时常思考这个问题。扪心自问，我为啥要这么拼命地努力呢？躺着难道不舒服吗？

人总是有欲望的，包括我们的睡意、食欲、对舒适安全环境的贪欲，当然还有性欲。这些完全是天生的，正是因为这些欲望，我们才会控制自己，驱动自己做出努力。我一直很想减肥，所以每天我都在和我的食欲作斗争；我每天早上起床，都在和舒适的被窝作斗争；此刻已是凌晨，但我才开始写这部分，所以我在与我的睡意作斗争；甚至整个青春期，我都在为了变得更加完美，为了能找到更优秀的男朋友，而不断与我的懒惰作斗争。

那么所有的这些贪欲，这种"想要"的感觉从何而来呢？答案是多巴胺。

多巴胺（dopamine）是大脑中的一种神经递质，即神经细胞与神经细胞之间的通信员。这个知识点我在基础篇专门讲过（回看第 04 节）。

多巴胺 dopamine

———

大脑中的一种神经递质。它带来的效果是奖励，让你充满干劲儿。

如果你平时通过科普文章或者从老师、家长那里听说过多巴胺，可能你了解到的最常见的说法是"多巴胺是快乐的本质"。这个说法不能说完全错误，但更准确的说法是，多巴胺是大脑的一种奖励。"多巴胺就是快乐"这一说法是片面的，说到底是对快乐和奖励的关系产生了误解。

什么是奖励呢？奖励可以是物质的，比如一颗糖、一个玩具，也可以是精神上的，比如父母的认可、同龄朋友的崇拜、暗恋对象向你投来的仰慕的眼神。简单来讲，奖励是一种事物的特性，而这个特性有三个关键的组成部分：

1. 愉悦感：奖励能够带来愉悦感；
2. 提前行动：即使你还没有得到奖励，奖励也会鼓励你为了得到它而采取行动；
3. 强化学习：一旦得到奖励，这份奖励就会刺激你更加努力地去得到更多奖励。这种良性循环让你不断地努力。这个过程在学术上，也就是神经科学和人工智能中，被称为强化学习（reinforcement learning）。

后面两部分应该比较好理解，第一部分最容易被误解。换句话说，愉悦感为奖励提供了一种定义，让奖励能够使人产生渴望进而采取行动。但奖励不等于愉悦感，也不等于快乐。再换一种方式说，奖励是"想要"，而快乐是"喜欢"。虽然大多数时候奖励既是"想要"又是"喜欢"，但"想要"（或说"渴望"）和"喜欢"其实不是一码事儿。两者最大的区别是，有些东西你可能非常想要，但你并不一定喜欢它。对于瘾君子来说，毒品就是最好的例子。一旦尝试过毒品，就会对毒品产生不正常的极度渴望，瘾君子肯定恨死毒品了，而且吸食毒品的次数越多，它所带来的愉悦感会越来越少，但他们无法抵御对毒品的渴望。我们将会在健康篇再次谈论上瘾的问题（详见第 46 节）。

此时我们可以发现，多巴胺不直接产生主观的愉悦感，但它参与了产生愉悦感的过程。比如，西班牙巴塞罗那大学的科学家就发现 ❶ 大脑中要是多巴胺水平低，听音乐时产生的愉悦感就会变弱。这说明多巴胺对产生音乐相关的愉悦感是必不可少的，但这不是多巴胺的主要作用，愉悦感不是完全由多巴胺产生的。

尽管如此，对于现在的科学家来说，至少对于我认识的科学家来说，多巴胺的重点不在于它和快乐的关系，更有价值的是它和学习的关系。

---

❶ Ferreri L, Mas-Herrero E, Zatorre RJ, Ripollés P, Gomez-Andres A, Alicart H, Olivé G, Marco-Pallarés J, Antonijoan RM, Valle M, Riba J, Rodriguez-Fornells A (2019) Dopamine modulates the reward experiences elicited by music. Proceedings of the National Academy of Sciences of the United States of America 116(9):3793–3798.

举个例子，在上幼儿园之前，小红花对我来说没有任何价值，它就是坨红色的纸。但当我第一次因为表现好而收到小红花作为奖励时，老师向我投来的微笑、同学们羡慕的眼神以及父母对我的夸奖，让我的大脑中的某些神经细胞自动分泌多巴胺，我会感到开心和满足。在此之后，这份奖励会变成我的动机，鼓励我、刺激我下次也这样表现，以便再得到一朵小红花。即使我还没有收到第二朵小红花，在我努力表现的时候，我的大脑也会分泌多巴胺，因为大脑知道表现得好，就会得到小红花，我在努力表现的时候就已经提前开心了。这样我就会进入良性循环，不断地想表现得更好，获得更多奖励。

▼ **像科学家一样思考**

如果我们让机器也有这种自我学习、努力向上的机制，那拥有无限时间和能量的机器很快就能够学习到各种各样的能力，甚至超过我们。这也是为什么很多人工智能领域的概念来自神经科学，因为神经科学和人工智能是共通的，二者互助互利。"三人行必有我师焉"，不同领域之间有很多可以交流学习的地方。有时候一个学科里的常识，正是另一个学科中的"点金石"。所以，如果有人告诉你科学家都是独来独往的，一辈子只闷头做自己的工作不会与人交流，那么此人一定是从19世纪来的，或是对科学家有什么误解。聪明的你不妨想一想，我们还能赋予机器人什么样的能力呢？

大脑就是通过这样的机制，不断地激励我们用意志力反抗自己懒惰的习惯，以此去做"学习"这样复杂又费事儿的工作，这个工作可能不能带

来即时好处，但未来我们能收获更好的结果。人能够变得越来越好，就是靠这么简单的机制。

■ **大脑速记**

- 多巴胺是奖励，而非快乐。
- 多巴胺水平低，听音乐时产生的愉悦感就会减弱。
- 大脑奖励机制让我们越学越好。

如何在生活中获得更多惊喜感？

多巴胺和奖励

我读高中时，我妈有一次去参加我的家长会，和我同桌 L 的妈妈闲聊。L 妈妈非常担忧，说 L 这次考得非常糟糕，回家哭了好久，又问我妈我考得怎么样。我妈那个"傻白甜"，说赵思家考得挺不错的，心情很好。谁知一看成绩，我才 120 分，刚到平均分，而 L 考了 140 多分，接近满分。L 之所以哭，是因为她本来以为自己可以考满分的。而我之所以高兴，是因为我觉得自己能及格就是胜利，居然能达到平均分，这是多么大的进步！（这是个真实的故事，我高中英语真的是全班倒数，而 L 是年级第一，也是我的室友，后来她去清华大学读书了。）

你看，如果只是看成绩的绝对值，一个 120 分，一个 140 分，那明显应该是得 140 分的 L 获得的奖励更多，多巴胺释放得更多，更开心。但现实情况往往不是这样的，因为多巴胺不是奖励的绝对值，而是奖励的惊喜值。在学术上，我们把一个奖励有多么令你感到意外描述为"奖励预测误差"（reward prediction error）。

让我换一个说法来解释。你第一次主动帮妈妈做了家务事，妈妈奖励你一颗巧克力。你本来没期待会收到巧克力的（预测得到巧克力的可能性为 0），所以巧克力的出现是一个意外之喜（预测误差）。在你收到巧克力那一刻，这个奖励预测误差就会引起多巴胺短暂但强烈的释放。

有意思的是，等你明白"做家务事"和"得到巧克力"两者的必然联系后，下次多巴胺释放的时间点，就会提前到"做家务事"的时刻。这就是为什么在多巴胺的奖励机制中，不能不提的就是"预测"这一环节。

这是一个非常重要的发现，这才是真正地触碰到了"多巴胺究竟是什么"这个问题的答案。

这里多说几句，那为什么上一节讲的那些就不算是触碰到了真正的答案呢？难道知道多巴胺和奖励有关不是一种答案吗？倒不是这个意思。不过，如果只是知道多巴胺和奖励有关，并不足以让我们造出一个大脑来。虽然造出一颗大脑并不是神经科学的最终目标，但如果我们能造，就说明我们已经完完全全搞明白大脑里发生了什么。

因为这一发现，在 2017 年，沃尔弗拉姆·舒尔茨（Wolfram Schultz）、彼得·达扬（Peter Dayan）和雷·多兰（Ray Dolan）三人获得了大脑奖（The Brain Prize）。剑桥大学的舒尔茨首先发现了多巴胺和预测之间的这一联系，按他原话说："这是一个让我们想要买一辆更大的车或一栋更大的房屋，或在工作中得到提拔的生物学过程。"彼得·达扬进一步推动了舒尔茨的工作，提出了前文说的"奖励预测误差"这一概念[1]，并从数学上提供了模型，进一步解释了多巴胺是如何驱动我们并更新目标的。而雷·多兰则又进一步研究了多巴胺是如何帮助我们学习，又是如何调控"期待"的。

这个科学发现对我们的日常生活也很有启发性。

有时候，我觉得我越来越没劲儿驱动自己，做了很多努力，似乎也有些成果，但感受不到成果带来的奖励。我向朋友吐露这一困扰时，他们都笑我，我拥有的，哪个不是高价值的奖励，还求什么？其实我们忘了一个非常简单的事实：满足感并非来自奖赏的绝对值，而来自奖励的意外感。

得 100 分不一定就比得 1 分更让人感到满足，因为如果你本来的奖励基线是 100，那么实际收获为 100 分，你并不会感到意外，预测误差为 0，所以你没有奖励感；但如果你的奖励基线是 0，即使收获 1 分，你也是有实实在在的 1 分奖励感的。

每次想到这里，我都忍不住想到万达集团董事长王健林的那句话："先定一个能达到的小目标，比如我先挣它一个亿。"搞学术的我，可能一辈子都挣不到一个亿。

---

[1] Schultz W, Dayan P, Montague PR (1997) A neural substrate of prediction and reward. Science 275(5306):1593–1599.

但如果我们去了解这句话的前后文，感受就会很不一样。当时王健林在访谈中谈到"很多年轻人想当首富"的话题时表示："想做世界首富，这个奋斗的方向是对的，但是最好先定一个能达到的小目标，比如我先挣它一个亿。"这话说得没错，如果想成为首富，一个亿真不多，真的就是个小目标了。只有挣了一个亿，才能说下次要挣十个亿、一百个亿。而万个亿才算够到了首富的水平。

有人可能会问，那是不是最好不要努力，这样就不会有期待。让期待的奖励值恒定为零，那任何奖励都会带来愉悦感。如果你这样认为，那说明你没有搞明白奖励的本质。我们在上一节提过，奖励的第二个特征是行动，这是奖励作用生效的必要条件，用产品经理的话说，就是衡量网站用户的活跃度的分析指标——参与度。

原本为零的期待值，如果完全随机地等待天降奖励，奖励的不确定性会在一定程度上提高，继而这种不确定性会将基线提高，比如变成 0.5。不仅如此，人们会对小概率事件产生"它很常见"的错觉，这就更导致基线会不成比例地提高，比如变成 0.6。

这时，你的奖励基线从 0 变成了 0.6，但随机出现的 1 分奖励还是完全随机的，而你能得到的奖励预测误差会随着得到更多奖励而逐渐归零。这如同警报疲劳（alarm fatigue），类似"狼来了"的故事，我觉得可以把这种回归现象称为奖励疲劳（reward fatigue）。

也就是说，即使你是宇宙第一"锦鲤女孩"，你也会慢慢感觉不到奖励。你可能令人羡慕，但自己有没有体验到满足感那是另一个问题了。

那如何能够确保一直有更多的奖励预测误差呢？很简单，答案是努力寻找奖励，让奖励从偶然事件变成必然事件。这就解释了多巴胺和奖励之间的准确联系，更进一步解释了大脑是如何通过一种这么简单的化学物质驱动我们达成各式各样的成就的。

■ 大脑速记

- 多巴胺不是奖励的绝对值，而是惊喜值。
- 得 100 分不一定比得 1 分更让人开心，这取决于奖励基线。
- 不努力，只等待偶然的奖励，我们就会渐渐丧失奖励感。

人为什么有时会犯懒呢？

多巴胺和懒惰

每次我的导师批评我太懒了，我都会反驳说，懒惰才是人类的第一创造力。第一个发明物联网的人就是个大懒人，他叫戴维·尼科尔斯（David Nichols）。1980 年，他在美国卡内基梅隆大学读计算机博士，离他的办公室最近的自动贩卖机在楼下，走过去需要几步路。我读博士的时候，许多人会疯狂地喝可乐和咖啡（我估算了一下，读博士的三年里我喝了至少两千杯拿铁），所以自动贩卖机经常缺货。为了避免下楼后才发现自动贩卖机已经售罄，尼科尔斯把那个自动贩卖机联网了，这样他就可以在办公室里实时监控是否有货。要不是懒，他哪里会想出这一招呢？

从进化学角度来看，保持懒惰让身体节省能量，也为群体节省食物开支。想象一下，如果每个人都像打了鸡血一样，根本闲不住，日出就出门没命地打猎，那就会消耗更多能量，也就需要吃更多食物。总有一天，一个部落吃东西的速度会大大超过周围环境生产食物的速度，最后他们就找不到吃的了，反而会加速自身的灭亡。所以最好是让人天生想

物联网
Internet of Things

把所有有独立功能的实体机器用互联网连接起来的网络。这在智能环境（包括家庭、学校、办公场所）、运输、工业制造、医疗等各种领域都有很大的前景。最常见的情景是，当识别到我已经在回家的路上时，家里的空调、电饭煲就会自动打开，为我回家做准备；电冰箱能够记录我家里的存货；喊一声"关灯"，灯就自动关闭；等等。

懒惰，同时又用贪欲刺激人去获取足够的食物，达到一个微妙的平衡，以求长久地生存下去。

写到这里，我真是想顺从我的懒惰，去沙发上躺一会儿，但我很早就决定了今天必须要把这部分写完，否则明天没法去下馆子。这又激励我坐回电脑前努力写作。而决定一个人是否懒惰或者对贪欲的反应有多强烈的，就是多巴胺。相比于其他人，有些人似乎更懒（比如我）。其主要原因肯定是我自己的心理因素，但也有可能和基因有关。

之前有科学家在老鼠身上做了研究。科学家找了很多老鼠，给每只老鼠做测试。测试内容如下，把老鼠放在一个笼子里，笼子里有个轮子，只要老鼠在轮子上跑，它就能得到好吃的食物，如果不跑就没吃的，然后测量每只老鼠跑圈的时间。虽然进笼子之前每只老鼠的年龄一样，体重差不多，而且也一样饿。但有些老鼠就是要比其他老鼠更懒一些。他们根据跑圈的时间，把老鼠分为两组——"勤奋组"和"懒惰组"，让它们只能和组内的成员生宝宝。经过 10 代以后，两组的后代在勤奋程度上有明显区别。75% 的勤奋组成员比懒惰组在轮子上跑圈的时间更长。在 16 代以后，勤奋组的后代每天平均跑 11 千米，而懒惰组平均只跑 6 千米。比较勤奋组和懒惰组后代的大脑，可以发现勤奋组后代的大脑里多巴胺受体更多，这可能说明它们更容易有动力，也有可能说明它们像是天生就对跑步上瘾。如果长时间不让它们跑，它们反而会觉得浑身难受。

> ▶ **像科学家一样思考**
>
> 　　虽然从演化的角度来讲，懒惰能够使人积累能量，免于饿死。但在现代社会中，很多人会更担心肥胖和贫穷的问题。你认为，随着社会竞争变得更加激烈，懒惰这种天性会逐渐消失吗？

　　虽然这一点还没有在人类身上得到证明，但有可能我这么懒还真不完全是我的错，得怪我爸妈。不过这并不意味着我只能懒下去，只能说可能相比于其他人，想要我努力需要更大的诱惑，我也需要做更多的努力而已。

　　如果你看到这里，觉得自己可能真的天生就比其他人懒惰，那你更要比他人努力才行。这样，大脑才会让你体验到常人体验不到的奖励。

> ■ **大脑速记**
>
> - 保持懒惰是为了节省能量。
> - 决定一个人是否懒惰的是多巴胺。
> - 更懒惰的人需要更大的诱惑才会行动，也会得到更多的奖励。

恐惧是怎么产生的？

肾上腺素

对于很多人来说，恐惧可能是最糟糕的情绪之一。但从学术的角度来讲，恐惧是最有用的情绪，没有之一，因为它是生存必备之物。如果没有恐惧，你可能看到火会觉得它有趣而忍不住去触碰，看到外面电闪雷鸣还会悠闲地去野外找吃的，看到突然冲过来的卡车也不会下意识避让。可以说，能够认识到威胁，并且迅速做出反应的这一能力，是我们趋吉避凶的本能反应，对于我们人类的生存至关重要，这是人类能进化的根本原因，同时也是我们每个人能够从出生时毫无防备之心到长大后有一定的自保能力的原因。说到底，恐惧的存在，就是为了提高我们的生存概率。

如前所说，恐惧是人和动物面对危险时自动产生的情绪。我们感到恐惧时，身体会迅速发生变化，比如心跳加速、颤抖、血压升高、出汗等。这是我们最基本的生理反应，叫作"战斗或逃跑反应"（fight-or-flight response），是 1929 年美国心理学家沃尔特·坎农（Walter Cannon）提出的一个概念。这是动物面对危险时身体自动产生的应激反应，让身体做好防御、挣扎或是逃离的准备。

现在我们对这个反应的了解已经很多了。当大脑感知到危险的时候，大脑会立即自动释放一种名叫去甲肾上腺素的化学物质，而身体会释放肾上腺素。这两个东西基本上是一样的，你可以把它们想成苹果手机，一个是国行，主要针对中国市场，而另一个是美版。两个基本一样，但在硬件上有些许不同。

我们先说肾上腺素，它对身体的影响主要可以归纳为四点：

- 血液流速加快。这可以在短时间内让更多血液涌入肌肉，方便其发力做出反应；
- 瞳孔放大。这个影响的作用不是很明确，有一种说法是，放大瞳孔理论上可以让更多光线和视觉信息进入眼睛，但也有可能只是一个副产品而已，没有特别的作用；
- 呼吸加速。这是为了得到更多氧气，这对运动和大脑运算来说，无论是决定要逃跑还是要战斗，都非常重要；
- 增加血液里的糖分。这也是为了给大脑提供足够的能量。

你可以看到肾上腺素真的是战斗或逃跑反应中的一大功臣，它所带来的一系列生理反应都是为战斗或逃跑做准备的。

战斗或逃跑反应
fight-or-flight
response

当动物面对危险时，身体自动产生的应激反应，让身体做好防御、挣扎或是逃离的准备。

　　当然，肾上腺素也会在没有明显危险的时候升高，比如你看少年漫画感受到激昂的情绪时，或者听现场演唱会进入亢奋状态时，简而言之就是"燃"的时刻。这些感觉和肾上腺素有关。有肾上腺素，不一定会产生恐惧，但你感到恐惧的时候多半都会有肾上腺素。那到底是什么引起恐惧呢？这一点，我们在第 25 节中再细聊。

　　肾上腺素有两个英语名字，都是正确的，一个是 adrenaline，另一个是 epinephrine。因为我是在英国读的大学，所以我学的版本是 adrenaline，后来我发现身边在美国接受教育的同事将其称为 epinephrine，所以很长一段时间我以为两者的区别就是英式英语和美式英语。从某种意义上来说，这是对的，确实是英美差异。比如说"中心"一词，英式英语是 centre，

美式英语是 center；比如"行为"一词，英式英语是 behaviour，美式英语是 behavior。但问题是，为什么肾上腺素这个词会出现这么大的英美差异呢？

肾上腺素产生于肾的肾上腺（adrenal glands），肾上腺位于肾的上方，而在拉丁文中，ad renal 是指"朝着肾"，所以肾上腺素就有了 adrenaline 这样的名字。而在希腊语中，epi nephron 指"肾之上"，所以肾上腺素也可以叫 epinephrine。

● **像科学家一样实践**

一般来说，学术界往往会用拉丁文版本术语，一般一个名词仅有一个名字。在欧洲，很多古老的正式文献是用拉丁文写的，自 15 世纪之后很长一段时间内，拉丁文是欧洲科学家的通用语言，这导致很多科学名词来自拉丁文。甚至直到几十年前，懂拉丁文是进入牛津大学的必要条件。甚至我的丈夫，他在英国长大，仅比我大两岁，读中学时也学习了拉丁文，可见拉丁文的影响力之大。

最开始学术界确实都统一用拉丁文 adrenaline 来指"肾上腺素"，但后来有制药公司将 adrenaline 注册为药名，为了避免和其产生瓜葛，学术界改用了希腊语版本。在英国，大多数肾上腺素的研究人员偏药物领域，所以用 adrenaline 居多，而偏重学术，想避免和制药公司有瓜葛的学者多在美国，所以就出现了英美差异。

虽然这个小故事与本书主题关系不大，但是肾上腺素的名字不断提醒我，科学也是人做的，有人就会有利益的争夺，有利益的争夺就会有分歧，而语言就是分歧最好的记录。

翻开你的英语课本，找一找"颜色"这个词，如果书中使用的是 colour，那么你学的就是英式英语，如果是 color，那么则是美式英语。我从小学的是英式英语，又在英国大学里学习和工作，所以习惯用英式英语。但我读博士的两个导师都是在美国接受的高等教育，每次他们收到我的文章草稿，都会习惯性地改我的英式拼写。我一般会屈服于老师的压力而用美式英语拼写，但有时候仍会不小心写成英式。而当我们投稿的时候，如果对方是英国出版社（比如顶级杂志《自然》），编辑又会自动帮我们修改成英式英语；如果对方是美国出版社（比如顶级杂志《科学》），则又会用美式英语。这里说句和神经科学无关的题外话，如果你也困惑于该用英式英语还是美式英语写作，那我的建议是，这都无所谓，取决于你个人喜好，但在选择后，就不要改了。千万不要在写作中一会儿用美式英语，一会儿用英式英语，这并不会让人觉得"你好厉害，两个地区的拼写你都会"，反而会让人觉得文字很乱。

■ **大脑速记**

- 恐惧感的存在，是为了提高生存概率。
- 恐惧、兴奋时，肾上腺素都会升高。
- 由于英美差异，学习术语时可能会遇到一个中文概念对应多种英文表达的情况。

为什么压力会让人白头呢？

去甲肾上腺素

去年我奶奶刚满 90 岁的时候，不小心摔了一跤，需要做一个风险很大的手术。我妈连夜回到老家住在医院照顾和安抚奶奶，同时为奶奶能否扛过手术而担忧。我眼看着我妈在短短几日急剧消瘦，还一下子白了头。

说起来，为什么压力大会让人白头呢？人们直到 2020 年 2 月才知道这个问题的答案。美国哈佛大学的研究人员通过小鼠实验发现，压力会对头发毛囊中负责色素再生的细胞造成损害，使得头发色素枯竭，永久性变白。

而压力的产生和上一节说的"战斗或逃跑反应"撇不开关系。身体会产生肾上腺素，而神经系统则会产生一种叫作"去甲肾上腺素"的神经递质。去甲肾上腺素会激活毛囊中的细胞，而过多的压力让人体出现高浓度的去甲肾上腺素，则会突然一下将毛囊中的这些负责色素的细胞过度激活，几天内消耗所有库存，导致头发变白。

▶ **像科学家一样思考**

为什么一夜白头是不可逆的呢？

但让毛发变白，并不是去甲肾上腺素的功能，而只是它的一个副作用。前一节说了肾上腺素的作用，那去甲肾上腺素在大脑里的作用是什么呢？

简单地说，肾上腺素在身体里帮你做物理上的准备：无论你是要逃跑还是要战斗，肾上腺素都会在极短的时间内改造你的身体，让你的小身板儿进入一个随时行动的状态。但无论你的决定是"战"还是"逃"，你的身体都需要做好准备，大脑也要做好准备。参加体育活动的时候，你应该感受过那种全身紧绷的紧张状态，同时头脑清晰、周围的风吹草动都能尽收眼底，换句话说就是"状态很好"。而去甲肾上腺素就控制着这种"状态"。科学家称这种"状态"为警觉性，但它不止于此。

我觉得腾讯的手机游戏《王者荣耀》能够高度概括去甲肾上腺素的认知功能。如果你没玩过这个游戏，也不用担心，可以继续看下去。

当你躲在草丛里，随时观察有没有敌方英雄接近的时候，去甲肾上腺素维持你的警觉性。这是它的第一个作用。

当你发现敌方有名英雄（潜在的危险）向你冲过来的时候，大脑的蓝斑核，也就是脑干上大概位于鼻子和后脑勺之间的中心位置的一对直径约为 1 厘米的小包包，会迅速生产大量的去甲肾上腺素，然后迅速扩散到大脑，特别是负责决策的前额叶，这方便大脑立即分析当下情况，快速地做出合理决定。这是它的第二个作用。

如果你是一名打野，可能还要面临一个问题：是否要入侵敌方野区进行反野；反野带来的好处比窝在自家野区要多，但也会有风险。那么是去探险，还是留在己方区域里继续发育呢？这个问题叫在学术上叫作"探索和开发的利弊权衡"（exploration-exploit trade-off）。这也是人工智能领域一个很重要的问题。我觉得他们常用的例子特别好，不妨借用一下：假设你家附近有 10 个餐馆，到目前为止，你在其中 8 家吃过饭，知道这 8 家餐馆中最好吃的餐馆可以打 8 分，剩下的餐馆也许会遇到口味可以打 10 分的，也可能遇到只有 2 分的。那你下次会去哪里吃饭？是去探索新的餐馆，还是去已经吃过并且味道还不错的餐馆？为了得到最好的结果，也就是吃到最好吃的饭，你需要在"探索新领域"和"专注开发已知区域"这两个选择中做出决定。这不是一个简单的问题，因为任何选择都有很高的不确定性。这是去甲肾上腺素的第三个作用。

去甲肾上腺素
norepinephrine/
noradrenaline

一种神经递质，它和你的精神状态相关，能让你注意力集中。

总而言之，在成为王者的路上，你不能没有去甲肾上腺素。

恐惧，虽然它也会带来焦虑和狂躁，有时候过多的恐惧会让你无法做出合理反应，但它同时保护了你，避免你在未知情况下做出鲁莽的选择。

人为什么会感到恐惧？很简单，为了更好地生存下去，我们需要对任何可能危害到自己心理或者身体的事物保持距离。恐惧保护着我们。

■ **大脑速记**

- 一夜白头是因为色素细胞被一夜耗尽。
- 肾上腺素让身体做好准备，去甲肾上腺素让大脑做好准备。
- 恐惧在保护着我们。

没有恐惧我们就能变得无敌吗？

杏仁核

前面讲了恐惧和"战斗或逃跑反应"有关，你可能注意到了肾上腺素和去甲肾上腺素都并非恐惧本身。

早在 20 世纪 30 年代，神经科学家就发现，如果把猴子的某些大脑区域切掉，它就会变得毫无畏惧，甚至看到原本害怕的蛇，也会主动靠近，把蛇抓起来像棍子一样挥舞，甚至还会伸手去玩儿蛇的舌头。他们曾在多种动物上做过类似的实验，都得到了类似的结果。而这个被移除的区域叫杏仁核（amygdala）。我们认为这个大脑区域负责产生恐惧，一旦移除它，大脑就会无法感到恐惧。但这一点一直无法在人类的大脑中获得确认，毕竟我们不能把人的杏仁核切掉。

巧的是，有一位美国白人中年女性，现在大概 55 岁左右，在她 30 岁左右因为事故失去了杏仁核。她在 1994 年因为一氧化碳中毒患上一种极其罕见的疾病，叫作类脂蛋白沉积症（urbach-wiethe disease）。这让她

杏仁核 amygdala

━━━

负责产生恐惧的大脑区域。

左右两侧的杏仁核都出现了病变，在本该有杏仁核的地方，大脑组织消失了，这相当于她的杏仁核被移除了。之前也有人得过类似的病，但没有人像她这么特殊，刚好两边的杏仁核完全消失，而且大脑的其他区域都没有受到影响。虽然她的智商很高，大脑和身体的其他方面都很健康，但她有个很明显的变化，就是变得完全无畏。面对蛇、蜘蛛、恐怖片，甚至去世界上最恐怖的鬼屋韦弗利山疗养院，她都无动于衷，一点儿都不觉得害怕。

对于学术界，她是个非常珍贵的研究对象，为了保护她的隐私，在发表关于她的论文时，她被称为 SM，是她的名字的缩写。她应该是世界上最有名的几个病人之一。几乎全世界的医学生、神经科学学生都知道她。我记得 2013 年读大学三年级的时候，教我们情绪的老师讲到这个案例时，告诉我们前几天 SM 来我们系参加过实验。台下的学生都像粉丝一样激动不已，想着能否去做实验的那栋楼和她来个偶遇。

"不知道什么是恐惧"，这个概念有点难以理解，因为正常人都或多或少体验过恐惧。那什么才是"不知道恐惧为何物"呢？具体来讲，就是 SM 能够理解和识别恐惧以外的所有表情，且她自己也感受不到恐惧。前者很好检测，SM 会画画，那就让她自己画出不同情绪的表情。在画其他五种基础情绪（喜悦、伤心、惊讶、厌恶、生气）时，她表达得很到位，说明她理解了任务，也能够用绘画进行精准表达。唯独在画"恐惧"时，她不知道该画什么，最后画了一个在爬的婴儿，看上去有些莫名其妙。这说明 SM

对恐惧的理解和表达有问题，至少和我们常人不同。

可能你会觉得没有恐惧不是挺好的吗？其实不然。10 年之后，科学家对 SM 进行了全面的研究，并在 2011 年发布了一篇很全面的研究报告 ❶。

首先，最明显的是，SM 的性格极其外向，对所有人都极其友好，特别是永远拥有一种莫名其妙、极其高涨的愿望去深入了解每一个人——注意，是任何人。为此研究人员专门做了实验，给她看了各种各样一眼看上去就很凶、有攻击性的罪犯照片，问她想不想跟他们做朋友。她觉得完全可以，甚至不能感受到他们的危险性。和 SM 有类似疾病的患者也和她一样：在生活中，即使遇到看起来很危险的人也不会感到警惕，反而会非常信任。当然人不可貌相，但随便相信一个陌生人，特别是一看就满脸不善的人，是个很奇怪也很危险的行为。

其次，SM 不能识别别人脸上的恐惧情绪。这个识别恐惧表情的障碍和眼睛有关：眼睛是在别人脸上识别恐惧的关键因素。SM 的杏仁核受伤，损害了她与人对视（eye contact）的能力，这就是她很难识别恐惧表情的原因。我们能知道这一点，是因为当我们指导她注意别人的双眼之后，她就又能在别人的脸上读出恐惧了。SM 的例子提醒我们，杏仁核在引导我们观察人的眼睛这件事上是多么关键，正是由于它的引导，我们才会理解别人的想法和情绪。除此之外，SM 也无法感受到音乐中的情感，特别是音乐中忧伤

---

❶ Feinstein JS, Adolphs R, Damasio A, Tranel D (2011) The Human Amygdala and the Induction and Experience of Fear. Current Biology 21(1):34–38.

和恐怖的部分。这说明杏仁核处理的不仅仅是视觉信息带来的恐惧。

最后，SM 也不是完全不能够感到恐惧。目前人们发现，在一种特殊情况下，她能够体验到恐惧，那就是让她短时间内吸入大量二氧化碳。正常人也有这个生理现象，当血液中二氧化碳浓度过高时，人会自动产生恐惧感。具体来讲，吸入的二氧化碳溶于水，这会让血液的酸性变强；当大脑里的杏仁核检测到血液的酸性增强，便会激发人的恐惧和惊慌感。那为什么恐惧和二氧化碳有关系呢？这可能是一种天生的反应机制吧。当人窒息时，血液中含氧量降低，二氧化碳会积累，这样血的酸性便会增强。窒息是一个会立即危及生命的情况，人在窒息的时候，应该尽快挣扎、尽力逃脱。因为缺氧实在是太危险了，所以要让它变成一个天生能引起恐惧的事件。于是，人并不是非要体验过窒息，才知道呼吸不畅是危险的，而是天生对这种情况感到恐惧。因为恐惧，我们天生就知道，要离窒息的环境和情况远一点。

人们习惯说恐惧才是我们自身最大的敌人，那么，不知何为畏惧岂不是天下无敌了？实际上，失去恐惧本能的人，往往无法识别危险。有句话说得很好，真正的英雄并不是生而无畏之人，而是那些直面心中的恐惧去挑战的人。

■ **大脑速记**

- 杏仁核决定我们是否恐惧。
- 无所畏惧并不是天下无敌，而是无法识别危险。

是谁让蝗虫实现了超进化？

血清素

前几天，我躺在沙发上浏览新闻，发现 2020 年初不仅有澳大利亚火灾、中国新冠疫情，居然还有非洲蝗虫。当我麻木地看着各项惨不忍睹的数据时，报道中的一行小字成功地吸引了我的注意力："……是血清素将平时无害的蝗虫变成了噩梦般的灾害……"

如果你的记忆力不错的话，可能会觉得"血清素"这个词在本书中已经出现过了。没错，在基础篇第 04 节，我们讲了神经递质，而血清素就是一种神经递质，"血清素会让你感觉放松、心情平静"。

血清素有不少功能，它最有名的功能是调节心情；低血清素会让人情绪低落。我们将会在健康篇仔细讲抑郁症（详见第 45 节）。常见的抗抑郁症药物都是作用于血清素的，目的在于维持或增加血清素的水平。但过高的血清素并不能让人更快乐，至于为什么会发生这样的情况，尚不太清楚。

血清素 serotonin

一种神经递质，它会
让你感觉放松、心情
平静。

血清素的另一个功能是产生睡意，它像沙漏一样，会在醒着的时间里逐渐堆积，形成睡眠压力。当它到达一定程度的时候，你便会想睡觉，无论是白天还是黑夜。它和生物钟相互协调，能够保证良好的睡眠。我们将会在学习篇里讲生物钟，如果你感兴趣的话，可以现在就跳到第 32 节阅读。

那血清素和蝗虫有什么关系？什么叫平时无害？血清素到底干了什么？为此我专门去查了论文，发现了一系列很有趣的知识。

蝗虫本来是种很害羞的生物，特别容易受到惊吓，一般是独居的。而让它们在几个小时之内突然变得有群居特性，居然仅仅是因为它们身体里的血清素浓度升高了那么一点点。这真是太有意思了。

英国牛津大学、剑桥大学和澳大利亚悉尼大学的研究团队发现 [1]，在实验室里养大的、害羞的独居蝗虫，在注射了血清素后，在 3 小时之内就变成了积极寻找其他蝗虫的群居蝗虫。在短暂的 3

---

[1] Anstey ML, Rogers SM, Ott SR, Burrows M, Simpson SJ (2009) Serotonin Mediates Behavioral Gregarization Underlying Swarm Formation in Desert Locusts. Science 323(5914):627–630.

小时之内，它们改变的不仅是居住习惯，还会获得远超平常的社会性，甚至身体也会变形，变成棕黑色，而且更加强壮、飞得更快。和之前那种绿色、害羞娇弱的样子完全不同，变成"社会猛男"了。

不知道你看到这里是什么感觉，但我觉得太酷了！

沙漠蝗虫的前后两种形态实在是太不一样了，以至于在 1920 年以前人们以为这是两个物种。要不是看到《科学》刊发的论文截图，我也不敢相信。这简直就是在短短 3 小时内完成了物种的进化呀！

更有决定性意义的发现是，如果提前给蝗虫体内注射抑制血清素的药

物，或直接阻断体内血清素产生的药物，蝗虫就不会"猛男化"。这证明了血清素和群居变化的因果关系。

一点点化学物质就让"害羞独居弱鸡"变身成"喜欢集会的群聚猛男"，这种桥段太有画面感了，我无法相信它居然不是某个科幻作者的文学创作。

那在自然界中，什么会导致蝗虫血清素激增呢？有多种因素。一个关键因素在蝗虫的后腿上，大约相当于膝盖上方一点位于大腿的位置，那里有一些特殊的毛，当毛被触碰的时候，会引起蝗虫的中央神经系统产生更多的血清素。另一种情况是，连续看到或闻到其他蝗虫同类也会刺激血清素的增加。

在真实的自然环境中，长期的干旱使得原本分散居住的蝗虫聚集在有限的空间里，争夺有限的食物。原本独居的蝗虫被迫拥挤地生活在一起，虫与虫相互触碰，相互踢着后腿，同时又相互看着、闻着，就会大大刺激血清素增加。血清素增加后又会进一步引起生理反应。

除了开头我提到的血清素的两大作用，血清素还和各种群居社会行为有关。关于这方面的研究稍微少一些，因为直接从人身上观察到的结果比较有限。比如，如果人们身在一个群体里，需要违背自身意愿去顺从群体或是服从更高级别的人，有研究认为当人的大脑中有更多的血清素的时候，会更倾向于服从群体而非个人意愿。这一点和蝗虫的独居变群居的行为模式变化类似。

让我们看回蝗虫，它们虽然从"宅家弱鸡"变成"社会猛男"仅仅需要几小时，但从"猛男"变回"弱鸡"往往需要好几天。但问题是，在实验室外的自然环境中，因为后代暴增、环境更拥挤、谋食更难、继续疯狂生产后代、继续更加拥挤，如此循环，为了能生存下去更加不会变回"弱鸡"。在这种非常强大的循环之中，变成"猛男"团队的蝗虫们，到死都不会变回去了，因为群体不会给它们机会。当然，这对于人类来说也是个可怕的恶性循环。

但更有意思的是，除了社会性的改变，蝗虫在形体上也有了变化。这不是血清素直接导致的，但血清素应该是整个连环反应的开头。有一点我倒是不太明白，一只虫从独居变成群居，变得兴奋、很想和别人摩擦，甚至在短时间内变得强壮，我都能理解，但为什么它还要变色呢？而且变得那么不适合隐藏，那么显眼。昆虫应该不至于群居还要看"颜值"吧。

我没找到明确的答案，但我推断，这可能和群体防御的模式有关。独居时想要保命，最好是长得不显眼，对外界警惕性高，便于隐藏。但如果是群居，个体被捕食的概率会变高，这个时候，最好外形、味道都和平时不一样，这样捕食者说不定就不想吃它了。

在浏览新闻的时候，我还注意到另一个非常有趣的科学现象。那就是蝗虫在碰撞的时候，会向身外释放苯乙腈。这又是什么呢？

蝗虫群来的时候像《列子》里描述的传说中的生物鲲一样，"广数千里"。如果有天敌来了，蝗虫该如何保护自己呢？信息又是如何从群体的这头儿传递到那头儿的呢？上面讲的血清素是一种神经递质，是体内的神经细胞之间的沟通信号。而苯乙腈被认为是一种群体中的沟通信号，是群体内的蝗虫与蝗虫之间的沟通信号。

更准确地说，苯乙腈有双重功能。一方面它是群体的警报信号，当一只虫被鸟儿袭击了，它发出苯乙腈让身边其他的虫立即知道"红色警戒！受到攻击！立即放气！"；另一方面，鸟很讨厌苯乙腈的气味，哪怕是普通蝗虫，如果有了苯乙腈的味儿，鸟也不想吃。如果有些鸟口味独特，非要吃，那临死前蝗虫会把苯乙腈转化为氢氰酸。这玩意儿有毒，鸟儿吃不得。所以说到底，苯乙腈具有特殊的群体防御功能。

真是学无止境。我早就知道血清素对人来说有解忧的作用，但从未想到对于蝗虫来说，一点点血清素可以让它们在短短几小时内进化成另一种模样。这些我以为已经了解得很清楚的事物，不知道哪天又会以怎样的姿态展现出它意想不到的作用。请让我再感叹一次，真是越学越感到自己的无知。

■ 大脑速记

- 你困了，是因为体内血清素堆积到一定程度了。
- 血清素让蝗虫在 3 小时内出现了物种进化一样的变化。
- 血清素浓度更高的时候，人们更容易服从群体而非个人意愿。

爱情究竟是什么？

爱的神经递质

在我读初中的时候，那是在 2003—2006 年，"早恋"是不被允许的。每天晚上年级主任会带领几个学生会的同学，带着超强光手电筒在操场上抓约会的同学。那时候觉得，虽然在这种环境下谈恋爱好危险，但也挺特别的。

恋爱是件很美好的事，它应该给青春增光添彩，而不是刻意避而不谈。虽然爱情可能离你还很远，但我想从科学的角度来和你聊聊这件事。

到底什么是爱情呢？恐怕没人能给予你完整的答案。但我们可以看看坠入爱河时，大脑发生了什么。

你可能听说过这样一句话："爱情是一场化学反应。"这确实没错，当你喜欢上一个人时，你的大脑正发生着一系列化学反应。前面几节中，我们已经反复提到了各种神经递质，它们在爱情中起了重要作用，用一句话总结："肾上腺素决定出不出手，多巴胺决定天长地久，血清素决定谁先开口。"

先看第一句话，"肾上腺素决定出不出手"。回想一下，当你遇到喜欢的人时，是不是会难以抑制地心跳加速、手心冒汗、脸红？不觉得这些现象和第 24 节讲的类似吗？没错，这些现象和肾上腺素有关。与肾上腺素相关的去甲肾上腺素也和爱情有关。在第 24 节我介绍过去甲肾上腺素决定了我们的精神状态。更准确地说，去甲肾上腺素控制觉醒（arousal，也可以翻译为"唤起"），不管是注意力唤起、情绪唤起，还是性唤起，都和喜爱一人时那种情绪冲动有关。

再看第二句话"多巴胺决定天长地久"。当你痴迷上一个人的时候，大脑会产出更多的多巴胺（回看第 21 节）。多巴胺的含量不同会引起大脑原本的动机和奖赏机制产生变化，比如正常情况下，你不会因为接收到一条"在吗？"的微信而开心得手舞足蹈。而且刚恋爱的时候，有一个很明显的变化，你对平时在乎和想干的事情不是那样在意了，这就是动机和奖赏机制产生了变化的结果。有些感情，对于某些人来说，如毒品一般，即使你知道是不健康、不好的关系，也无法抑制地想要和对方在一起。有一种说法是，恋爱中的大脑看起来像正在嗑药的大脑。这么说肯定是过于夸张的，但毒品上瘾也确实和多巴胺有关，从这个角度来讲也有些道理。

而第三句话"血清素决定谁先开口"，这是因为血清素有让人冷静、放松的效果，热恋状态下的大脑中血清素含量较低。这也解释了为什么我们在热恋时感觉完全失去了理智和冷静下来的能力，甚至会感到焦虑。先喜欢上对方的那一方，确实可能会有更少的血清素含量，进而贸然表白。

● 像科学家一样实践

下次看"狗血"电视剧的时候，不如分析一下哪位主角的去甲肾上腺素高，哪位的血清素高。相信我，你会有新的观剧体验，顺便解锁"边看电视剧边学习科学知识"这一技能。

当然，与爱情相关的并不止这三种神经递质。根据美国人类学家海伦·菲舍尔（Helen Fisher）的说法，爱情主要有三种状态，即情欲、吸引和依附。而上面说的这三种神经递质，其实仔细想来也只是和爱情的"吸引"这一状态有关而已。比如，"情欲"可能与睾酮、雌激素有关，而"依附"则被认为和催产素有极大的关系。催产素的一大功能是刺激子宫收缩促进分娩。与此同时，它还与情侣间的依恋感有关。也正因如此，很多时候新闻里会把催产素称为"爱情激素"。不过这个称呼只能迷惑普通读者，既然你已经看到这里，自然明白没有哪种激素或神经递质能够单独决定什么是爱情。

与此同时，以上提到的这些化学物质和爱情都并非因果关系。我在某篇传播很广的科普文章中看到一种说法，"对同一个异性，像多巴胺这样让人像吸毒一样快乐的情欲激素只可以持续分泌几个月到 4 年不等"。这种说法是错误的，先不说多巴胺并不是情欲激素，就单说多巴胺能分泌多长时间也不是爱情能决定的。如果没有感觉了，不想在一起了，那就快点坦白，千万别拿神经科学当挡箭牌。

渣渣复渣渣，科学不背锅。

■ 大脑速记

- 恋爱时，你的大脑正在发生一场化学反应。
- 你大脑中的血清素含量更低，所以你先表白了。
- 人体中不存在某一种特定的"爱情激素"。

从科学的角度来讲，
到底有没有一见钟情？

人际吸引

无论你是否已经有恋爱经历，大概在许多文学作品或烂俗的电视剧中，都看过一见钟情这样的桥段。也有人问过我，"一见钟情"和"日久生情"哪个更好？在很长一段时间内，我觉得这完全是个伪命题，因为我认为"一见钟情"并不存在。

相比于"热恋"这种至少能维持一段时间的状态，我们很难科学客观、系统性地研究"一见钟情"这种突发事件。过去大多数这方面的数据只能通过大范围的调查报告获取。譬如，根据 2017 年一个国外约会网站"单身精英"（Elite Singles）的问卷调查，62% 的女性和 72% 的男性认为一见钟情是存在的，而且 90 后和 85 后比 80 后和 70 后更相信一见钟情。当然，导致这一区别的可能不仅仅是成长环境，也可能是人生履历的不同，毕竟在被调查时 70 后至少也有 38 岁了。

有没有一种可能，那就是"一见钟情"只是一个记忆偏差。我们都知道记忆是靠不住的，比如心中一直挂念着一种味道，但专门去吃时却发现也就那样。我们的记忆除了会随着时间的流逝而改变，还可能会因为你和你的交往对象现在关系好，就下意识地美化了初见时的记忆。为了确认是不是这样，2017 年荷兰格罗宁根大学（University of Groningen）的研究人员 ❶ 安排了近 400 场相亲，共 396 人参加，其中 62% 是女性，一半是荷兰人，一半是德国人，96.2% 是异性恋。这 400 场相亲分三种场景，一种是在网上进行，只看照片；一种是在实验室里进行，相互不见面，也是只看照片；还有一种就是直接面对面约见。在第一次见面后，就立即问双方有没有一见钟情，同时运用一个叫作爱情三维量表（Triangular Love Scale）的工具精确记录两人的感受，避免长时间相处后双方给初见加上记忆滤镜。

通过调研这 400 场相亲，他们有四个发现：首先，一见钟情并不是单纯的记忆偏差。至少，确实有人在第一次见面后说对刚刚见的人一见钟情了，至少有很强的好感，希望能够和对方继续发展下去。这些说一见钟情的人提供的调查问卷都被特别仔细地研究过，确认并非敷衍了事。但是至少在这近 400 个荷兰人和德国人中，一见钟情极其少见。第二，说自己刚刚经历过一见钟情的人中，大多数是男性；换言之，男性可能更容易体验到一见钟情。这是为什么呢？现在还说不清楚。有可能和选择的照片有关。在这个实验中，为了保证照片的清晰和统一性，参与者提供了脸书

❶ Zsok F, Haucke M, De Wit CY, Barelds DPH (2017) What kind of love is love at first sight? An empirical investigation: What Is LAFS? Personal Relationships 24(4):869–885.

的页面，然后由科学家自己去选择，而且统一选择了微笑的照片。而早年就有这样的发现，在线上配对网站上，女性用户对用微笑的照片作为头像的男性评分更低，与之相反，男性普遍更喜欢微笑的女性头像。这恰好解释了为什么在这个实验中，说感觉到一见钟情的女性更少，因为微笑的男性照片减分了。第三，一见钟情往往并非双方都发生的。至少在这个研究中，所有的一见钟情都是单相思。这说明，像罗密欧与朱丽叶那般两人一见就干柴烈火的，还是比较少见的。但也不排除这些单相思的人会在后面得偿所愿，而那时，对方可能会产生记忆偏差，马后炮地觉得自己当时其实也一见钟情了。最后，一见钟情的那一刻其实还没有"爱"。爱情有三大要素：亲密感、责任感、情欲。即使说自己对其一见钟情的人，其实那一刻的感受中所包含的这三大要素远远达不到长期稳定的恋爱关系中的状态。同时，一见钟情也不是"情欲"，而是一种强烈的吸引力，它让人特别想了解对方，与对方展开恋情。这一点大概大多数人都曾遇到过，面对某些人，即使是照片，一眼看去也会觉得"这是我喜欢的类型"。

背内侧前额叶
dorsomedial
prefrontal cortex

判断有没有吸引力的关键大脑区域。吸引力越大，背内侧前额叶的活动就越活跃。

2012 年，美国加州理工大学的著名神经科学家约翰·奥多尔蒂（John O'Doherty）的研究团队曾在《神经科学杂志》（Journal of Neuroscience）上发表过一篇核磁共振研究，专门研究相亲时的第一印象[1]。他们当时在爱尔兰都柏林三一学院找了 151 名异性恋的单身大学生，然后开了几场超大的当面相亲大会。每参加一场，大学生可获得 20 欧元[2]，每次参加之后都要再看一遍所有的相亲对象的照片，与此同时他们的大脑活动被功能性核磁共振仪记录下来。核磁共振成像的结果显示，位于脑门之后的背内侧前额叶皮层（dorsomedial prefrontal cortex）是判断有没有吸引力的关键大脑区域，更准确地说，吸引力越大，背内侧前额叶的活动就越活跃。

同时奥多尔蒂团队还发现即使相亲时间较短，大家也能很快地判定吸引力。这也不令人惊讶，现在社交媒体这么发达，约会 App（应用程序）的用户们不可能对每张照片都仔细端详，而是会极快地

[1]　Cooper JC, Dunne S, Furey T, O'Doherty JP (2012) Dorsomedial prefrontal cortex mediates rapid evaluations predicting the outcome of romantic interactions. J Neurosci 32(45):15647–15656.

[2]　20 欧元约相当于 160 元人民币。有人给钱请自己去参加联谊，这真是件好事儿。

刷过无数张照片，翻过之前脑海里已经默默给出一个评价。对于这些用户来说，判断有没有吸引力所用的时间必然大大小于拇指滑动屏幕的时间。

这类实验说明，一见钟情是存在的，只是那种感觉可能没有文学作品中提到的那么强烈。

● 像科学家一样实践

当"小白鼠"会有工资吗？本小节提到，有个实验给参与者提供 20 欧元去相亲。那是不是参与实验就有钱呢？一般来说，是的。你来参与我的实验，这像一份工作，我当然应该给你钱。这份工资叫"被试费"，按小时计算。一般来说被试费和当地的每小时基本工作费用挂钩。比如在英国，我所在的伦敦大学学院的认知实验一般是一小时 10 英镑。如果需要被试不断回访，我们还会增加费用来吸引更优秀的被试。学校还会给被试买专门的保险，有不少人专门把参与实验当成日常工作。当然不同的机构和大学有不同的招聘方式。比如日本电信电话公司的基本科研所没有学生，科研所又在一个乡下山区，根本招不到被试。每次做实验，都需要提前一个月安排人来参与。每次来人都需要从早上 9 点工作到下午 6 点，非常辛苦，当然工资也非常高，一天下来可能有三万日元（约两千元人民币）收入。

做实验前，研究人员需要对实验内容进行道德审查，确保其所作所为是合理合法的。如果一个实验没有经过道德审查就实施了，即使实验没有伤害，实施实验的科学人员轻则会被学校开除，重则坐牢。即使实验结果极其重要，甚至异常珍贵，也会被销毁。这点极为重要，不仅保护了参与实验的被试，也保护了科学界的道德底线。

绝大多数大学的心理系都会长期招聘被试，如果你感兴趣，可以去附近大学的心理系问问。大多数实验应该是需要被试超过 18 岁，但有些实验室会专门做儿童或青少年的研究，你可以去问问他们是否需要帮助。正规的科学研究都有研究资金，不需要参与者为科学免费奉献，但也不要对被试费过于苛求，毕竟科研资金有限。

相比于同学历的其他工作，研究人员的工资相当少，而且工作时间极长。做实验加班也是不会有额外工资的，常常需要在实验室一连工作十几个小时，非常辛苦。无论你是好奇还是单纯为了被试费，只要承诺参加实验，还请尽量配合研究人员完成实验。

那一见钟情的"一见"到底需要多长时间呢？2018 年德国班贝格大学的心理学教授克劳斯 - 克里斯蒂安·卡本（Claus-Christian Carbon）的研究团队发现，只需 0.3 秒 [1]。这和眨眼一样快！

这个研究的本来目的并不是发现一见钟情到底需要多长时间，而是想研究，当我们看到一张人脸时，到底先判定性别，还是先判定吸引力。这是一个有趣的问题。因为如果我们看脸时先判断吸引力，再思考性别，那说明影响吸引力的主要因素是单纯的面部特征，譬如，左右对称性、皮肤的均匀性（如有没有长痘）等。反之，如果我们看脸时先判断性别，再思考吸引力，那么性别信息很有可能会在人们考虑吸引力时被考虑在内。

[1] Carbon C-C, Faerber SJ, Augustin MD, Mitterer B, Hutzler F (2018) First gender, then attractiveness: Indications of gender-specific attractiveness processing via ERP onsets. Neuroscience Letters 686:186–192.

这个研究团队招了 25 名本科生，给每个人看了 100 张人像照片，每看到一张照片，就要求被试判断照片里的人物性别，以及他们是否有吸引力，与此同时用脑电图记录他们的大脑活动。早在参与者按下按钮做出回答之前，脑电图就已经出现变化。准确地说，看到一张人脸后，你需要大概 244 毫秒判断其性别，然后再用 59 毫秒感受其吸引力。换句话说，在看到人脸之后 303 毫秒时，眨眼之间，你对此人的吸引力已经有一个评判。

他们还发现，参与者一旦判定了性别，就能很快地评估出吸引力，这说明性别可能对吸引力有决定性影响。这和之前的脸部研究不谋而合，女性脸部中具有决定性的区域在于颧骨，而颧骨之于男性脸部吸引力的影响却没有那么明显，相对来说，男性脸部的重点在于下巴和嘴的宽度。再譬如，皮肤的细腻程度对于女性脸孔的吸引力有明显影响，但对于男性脸孔吸引力的影响却微乎其微。唇色越红会让女性在异性中越受欢迎[1]，而且还会使脸部更女性化[2]。总而言之，虽然这非常不公平，但脸孔的一些细节特征就是决定第一印象的关键，而第一印象常常是我们的敲门砖。

一见钟情，说到底就是特别好的第一印象。这听起来可一点儿都不浪漫。不过，就像之前说的，现实生活中大多数的一见钟情都没有那么梦幻。

说到这里你可能还是对"一见钟情"的存在将信将疑。这是正常的。

---

[1] Stephen ID, McKeegan AM (2010) Lip Colour Affects Perceived Sex Typicality and Attractiveness of Human Faces. Perception 39(8):1104–1110.

[2] Russell R (2009) A Sex Difference in Facial Contrast and its Exaggeration by Cosmetics. Perception 38(8):1211–1219.

毕竟我们现在所说的是一个极其主观的现象。有时候讲多少道理、摆多少证据，也不如你亲自去体验那 300 多毫秒的感觉来得有说服力。

就像之前所说的，我以前完全不相信一见钟情的存在，即使看了这些论文我估计也不会相信，我可能会仔细研读这些论文，挑出它们设计上的各种缺陷。18 岁的时候，我刚来伦敦读大学。在开学周的集市上，他穿着一件深紫色的薄毛衣，里面穿了件浅紫色条纹衬衫，配了条灰色的修身长裤。明明他身边就站着我的熟人，但离着老远，我一眼就先看到他。那一刻我第一个反应是：哇，原来真的有"一见钟情"啊！尽管现在距离第一次见面已经 10 年了，那一瞬间的感觉我依然记得。后来我们结婚了，在写这本书的时候我们的女儿也出生了。若是有人现在问我"一见钟情"和"日久生情"哪个更好，我觉得最好的是一见钟情后的日久生情。即使一方刚开始是单相思，可能会很辛苦，但只要两个人是合适的，有缘总能在一起。

很多长久的感情往往都开始于单相思。这很甜，也会很苦，毕竟先喜欢上对方的总会比较吃亏。不过不可否认的是，一个好的第一印象就是个好的开始。记住，只要 300 毫秒就能决定一个人的吸引力。现在审视一下自己，在这转瞬即逝的 300 毫秒里，你想给别人展现一个怎样的自己？

■ 大脑速记

- 有研究发现，大多数"一见钟情"都是单相思。
- "一见钟情"只需 0.3 秒，和眨眼一样快。
- 在婚恋网站上，女性使用微笑照片作为头像更有利。

嫉妒之心是怎么产生的？

嫉妒的脑区

说实话，我已经很久没有"嫉妒"这种感觉了。大概是因为我周围的人比我厉害太多让我生不出嫉妒之心；要么就是没什么嫉妒的价值，人各有长处罢了。话虽如此，我清晰地记得自己在小学和中学的时候，感觉总在嫉妒着谁：或嫉妒表姐似乎更受外公外婆的关注，或嫉妒朋友似乎和我的前男友走得越来越近，或嫉妒聪明的同学总能不费劲儿地在考试中游刃有余。

嫉妒之心令人备受煎熬。正如英国哲学家伯特兰·罗素在《幸福之路》（*The Conquest of Happiness*）中所说："在所有通常的人性特点中，嫉妒是一种最不幸的情绪。"

嫉妒往往出现在比较重要的关系中，因为要生出嫉妒，我往往需要很了解被嫉妒的人。他们往往是在同一个社交群体中，比如我的表姐是我的家人，我的朋友和同学往往在学校里与我共处。嫉妒会让我感到不安、恐惧和愤怒；这些负面情绪都令人不愉快，更重要的是，它们往往无中生有，也无法有效地被控制。

但嫉妒有可能有些许正面的作用。我嫉妒表姐，这可能说明我在家里表现得不尽如人意，令外公外婆感到失望了；我嫉妒朋友甚至害怕她介入我与当时男友的恋情，说明我对当时的男友本来就不够信任；我嫉妒成绩好的同学，那纯粹是没意识到自己不仅不聪明还不够努力。嫉妒似乎对于我们这样复杂的人类关系和社会结构特别重要。

为什么我们要在意别人有什么呢？理论上，这至少有两个心理原因。一个原因是，当缺乏一个标准客观的衡量标准的时候，我们可以通过与他人比较来测量我们自己拥有多少。这一点是由英国哲学家大卫·休谟在《人性论》（A Treatise of Human Nature）中提出的。休谟在 1739—1740 年匿名发表了《人性论》三卷本。这不仅是休谟的代表作，更是一部极为重要的哲学著作。与人比较并不是一无是处的，它能给"我是谁？"这个问题提供一些答案。另一个心理原因是，我们生活在一个比较拥挤的环境中，为了生存和繁衍，我们不由自主地要直接与身边的人竞争，争夺食物、配偶和领地。在现代生活中，我们则是要和同学竞争进入名校的机会，和朋友竞争爱慕之人的关注，和比自己年长的人竞争话语权。在极端竞争的社会环境里，一个人的失败可以被看作敌人的成功。这样，一个群体能够通过"嫉妒"或人与人之间的攀比来鼓励群体的进步，甚至通过自然选择来推动一个群体的进化。

▶ **像科学家一样思考**

下次感受到嫉妒的时候，不妨观察一下它如何改变了你对事物的感知能力。仔细想想，你所拥有的，真的不值得你欣喜吗？

那是不是只有人才会嫉妒呢？并不是，猴子也会。

日本关西医科大学的神经科学家曾经做过一个很简单的实验 ❶ 。他们让一对很渴的猴子面对面坐着，然后一口口地给这两只猴子喂水。因为它们本来就很渴，所以都想获得更多的水。

科学家通过观察猴子在喝水后舔嘴唇的次数来衡量它们对奖励的重视程度。比如猴子 A 喝了水，它在喝水后不断舔嘴唇，说明它对刚才那次喝水非常在意。再比如，猴子 A 没喝到水，但它看到对面的猴子 B 喝到水了，也会不断舔嘴唇，说明它对刚才 B 喝到水非常在意。与此同时，舔嘴唇的次数更多，说明在意程度更高。

结果表明，当看到对面的猴子喝到水的时候，即使自己喝到的水的量没有变化，猴子对自己所获得的水的在意程度也会变低。换言之，如果我收到一朵小红花，我会很在意这朵小红花，我在意这份奖励；如果我收到

❶ Noritake A, Ninomiya T, Isoda M (2018) Social reward monitoring and valuation in the macaque brain. Nature Neuroscience 21(10):1452–1462.

一朵小红花，但我身边的人都获得了小红花，那我就不会在意这朵小红花了，即使这份奖励没有发生改变。换言之，我嫉妒别人也得到了小红花，而猴子嫉妒对面的猴子也喝到了水。

这说明什么呢？我们对奖励的主观价值的评价，取决于社会环境。换言之，攀比导致幸福感下降。

内侧前额叶皮层
medial prefrontal
cortex

与嫉妒有关的大脑区域。

那嫉妒在大脑中是怎么出现的呢？他们进一步发现，当猴子有嫉妒行为的时候，内侧前额叶皮层（就在我们的眉心处）会首先被激活，然后中脑负责生产多巴胺的神经们才开始活动。通常情况下，如果没有嫉妒，我们获得奖励时充满愉悦感，就应该是反方向的：先是中脑活动释放多巴胺，然后才是前额叶皮层开始活动。可见，嫉妒从上至下地影响了大脑评价奖励的认知过程。

■ 大脑速记

- 嫉妒往往出现在比较重要的关系中。
- 嫉妒心会让幸福感下降，但有利于群体进化。

我们为什么会区分善与恶？

共情

　　写下这些文字的时候，恰逢 2020 年春节。可能你在看本书的时候，已经离这个春节有段时日了，但肯定还对这个特殊的春节有些印象。写作的此刻，全国正在抗击新型冠状病毒疫情，虽然我和家人都待在家里，没有受到太大的影响，但每每看到从湖北武汉疫区传来的新闻，我都不禁感到难过和焦虑。这种复杂的情绪让我连续几天都觉得没劲儿，很"丧"，不关心其他新闻，也不想学习和写作。这份情绪并非来自我自身的处境，而是共享了身处疫情的人的情绪。

　　人类情绪的一个精彩之处在于，我们能分享别人的情绪。我们能通过观察别人或看到别人写下的文字，感受到悲伤、喜悦、恐惧，从别人的微表情看出他心中所想。我们可以把这种能力叫作"共情"。如果给它下个完整的定义，那共情是一种能力，它使我们理解别人的想法或感受，并用恰当的情绪来回应。

共情 empathy

一种能力，它使我们理解别人的想法或感受，并用恰当的情绪来回应这些想法和感受。

看到别人受伤，切到手指或摔了一跤，我们都会下意识地觉得不太舒服。这是人与生俱来的同情心。面对遭受痛苦的同类，我们天生就会产生同情，虽然这份同情可能有多有少，有时我们也出于各种原因不能出手相助，但正是因为这份与生俱来的同情心，人类才能团结在一起，社会才能相对稳定，不断演化，成为今天的模样。

有时候我们也会遇见或听说一些非常不合常理的故事。

比如，1988—2002 年，甘肃白银连环杀人案罪犯高承勇在甘肃和内蒙古连续杀人，作案手法极其残忍。被抓后，他解释当年之所以停止作案，是怕影响自己两个儿子的学业。这样的解释更是让人毛骨悚然，究竟为什么有人能够如此残忍地对待陌生人，回家还能够自然地面对妻儿呢？这种令人不寒而栗的作恶事件数不胜数。这些故事，有时寥寥几句，就能让人听过一次再也无法忘记。

那么，这些作恶之人脑袋里到底在想什么呢？他们是怎么切断这份同情心的呢？我们该怎么理解人类的残酷行为？从某个角度来讲，我们可以用一个宽泛的概念来概括这些人类行为，那就是恶。邪恶、罪恶、丑恶的那个恶。《新华字典》中对恶的解释是"极坏的行为，与'善'相对"。而清代段玉裁《说文解字注》中对这个字的注解是："过也。人有过曰恶。有过而人憎之，亦曰恶。本无去入之别，后人强分之。从心，亚声。"

你可能会说，这些作恶之人是坏人，他们丧尽天良，没有同情心。可是仔细一想，用恶来解释恶，这种循环论证很常见。为什么杀人犯要伤害一个又一个无辜的人？因为他是恶人。为什么恐怖分子要搞自杀式袭击？因为他们是恶人。然而，当我们审视"恶"这个概念时，会发现它根本什么都没解释。连环杀人犯、恐怖分子的这些行为，确实已经可怕到了常人难以想象的程度。虽然难以想象，但这并不意味着我们就不能研究为什么人会做出这样的行为，也不代表我们只能给出一个不成解释的解释，比如"这些人就是坏，好人是无法理解他们的，谁遇到就是倒霉"。

让我们重新审视这个问题：什么是恶？我们能不能换一个角度来看这个问题，不从哲学、历史、人类学角度，而从科学的角度来给"恶"下个定义？

英国临床心理学家西蒙·巴伦 - 科恩（Simon Baron-Cohen）给出的答案是，恶是共情腐蚀。要理解这个答案，我们需要先明白什么是共情。

举个例子，你身边的乘客正吃力地把行李往行李架上放，你看到了，能够明白对方的困难和尴尬，并愿意帮忙，这就表示你有共情的能力。但要注意的是，共情不仅仅包括你能够理解别人的情绪，还需要有帮助他减轻痛苦的那一份渴望，换句话说，即使你最终没有帮上忙，你心中想的应该是"我同情你，也希望能帮上忙"。但如果你只是明白他的困难，并不想关心，这并不算共情。

这种共情的能力是由我们大脑中的十个不同的大脑区域合作产生的。我们把这十个大脑区域统称为"共情回路"。这条回路从生理上决定了我们每个人能够产生多少共情。而一个人之所以做出残酷行为，是因为共情回路出了故障。

总体来说，人的共情能力普遍很强。就是因为有这样的能力，我们才和世界产生连接，人类的生命才不止停留于"让自己生存下去"，每个人都有自己特别看重的人和事物，人与人之间才有了深入的联系。

想要科学地研究共情，首先我们需要找到量化它的方法。巴伦 - 科恩教授与他的同事设计出了一份专门测量共情的调查问卷，这份问卷被称为共情商数量表。整个问卷共有 40 道题，如果你想进行自我测试，可以去购买巴伦 - 科恩教授写的科普书《恶的科学》（*The Science of Evil*），这本书的附录里有一套专门给成人的测试题，还有一套是给儿童设计的，你可以两个都试试。

而那些被我们称为恶人的人，就是在这个共情商数测量表中获得零分的人。这种情况被称为零度共情。处于这种状态的人完全没有共情能力。没有共情能力意味着什么？意味着无法想象他人是怎样的感受，也无法想象自己的所作所为给别人留下了怎样的印象，甚至不知道如何与别人交流。不仅如此，他们甚至压根儿没想到别人也有他们自己的角度。在这种情况下，他们会彻底忽视他人的想法和感受，只关心自己想做的事情，坚信自己的想法百分之百正确；如果有人与他们的意见不合，他们会认为，对方要么是错的，要么就是蠢。换句话说，缺乏共情的人深陷在自我中心主义中。这就是零度共情。

我非常推荐大家去看看《恶的科学》这本书。但这本书的书腰上写了一句话，很有意思，"13 岁以下青少年请在家长指导下阅读"。我一开始很困惑，这明明是一本心理学科普书呀，为何还有年龄限制。读完之后，我有些明白了它的用意。倒不是有什么少儿不宜的内容，也不是因为它所涉及的科学内容需要有初中以上的学历才能读懂，而是因为它所探讨的问题需要读者有较为成熟的善恶观念。

我在读这本书的时候，一直在思考一个问题：我们为什么要看这种科普书呢？拿《恶的科学》来说，整本书都围绕着对人类残酷行为的反思展开。但我们现在生活在和平年代，大多数人一辈子都只会在新闻中看到残酷的恶行，即使自己碰上了这样的问题，这些知识其实也不能够帮助我们脱离险境。那么，为什么我们还是应该花时间去阅读，去思考这样的问题呢？

有的人认为，在现在这个什么都追求更强、更快的社会中，不作恶就可以称得上是好人。大众评判一个人的价值时，往往注重他的智商和情商，虽然我们都知道"为人"比"处世"可能更重要，但"为人"给我们带来利益太慢了，不是吗？

现在智商和情商这两个概念已经被大众接受，特别是情商，更是受到大家的重视，然而共情商数鲜有人知。我们与人接触的时候，往往先看他聪不聪明，这是智商；稍微接触一下之后，会对这个人的处世水平有个大致的评判，也就是情商；但对他最重要的"为人"，却需要长时间的观察和了解才能得出结论，而共情商数展示的就是这个人的"为人"。其实这也昭示了一个问题，我们常说"为人处世"，为人在前，处世在后。大家都明白要提高"情商"，却鲜有人有意识去提高"共情商数"。我认为这可能就是现在我们越来越不容易相信别人的原因之一。

看到这里，希望以后当我们遇见极端的恶行时，不会用"不要问这种事情为什么会发生，因为这就是恶"这样的话来敷衍自己和他人，也不会用"他做恶事是因为他是个恶人"这样的循环论证来解释，更不会用"这是神在考验我们"的论调来回避问题。

希望科学能带给你一个更经得住推敲的视角来看待世界，看待他人，看待我们自己。

■ **大脑速记**

- 共情就是"我同情你，也希望能帮上忙"。
- "为人"比"处世"更重要。
- 共情商数与智商、情商一样重要。

大脑里有道德中心吗？

道德与决策

> 道生之，德畜之，物形之，势成之。是以万物莫不尊道而贵
> 德。道之尊，德之贵，夫莫之命而常自然。故道生之，德畜之，
> 长之育之，亭之毒之，养之覆之。——《道德经》

虽然"道"和"德"这两个字最早共同出现在老子的《道德经》里，但和今天我们说到的社会道德的概念并不同。《道德经》里有一句很有名的话，叫："道生之，德畜之，物形之，势成之。"这句话后面还有三句话，连在一起看的意思大致是："道"生成万事万物，"德"养育万事万物。虽然万事万物各自不同，拥有各种各样的形态，但是在环境中万事万物成长起来。所以，所有事物都会尊崇"道"，也要珍视"德"。而"道"由此被尊崇，"德"由此被珍视，于是德畜养万物而不加以主宰，顺其自然。

咱们现在常说的"道德"是什么？常见的一个定义是，道德是衡量我们行为是否正确的标准。这个定义说起来也没有错，但也相当模糊。在

电车难题
trolley problem

——

1967 年英国哲学家菲利帕·富特（Philippa Foot）提出的一个伦理思想实验：什么也不做，让五个人死亡；还是用一个人的生命去换五个人的生命。

知乎上有个问题："什么是道德？如何定义道德？"下面的答案都挺有意思的，其中名叫"四顾剑"的知乎用户写了一个很有趣的答案，推荐你去看看。这里概述一下那个答案，他将"道德"分为三个成分。道德的第一个成分是"道德感"，其实就是一种情绪。当我们根据道德来评价一些行为的时候，我们所体会到的那种情绪就是道德感。看到小孩不幸遭遇交通事故，我们可能不认识这个孩子，也不认识小孩的父母，但我们难免会产生一种恻隐之心。这份恻隐之心，我们在上一节里讲过，其实就是"共情"的能力（回看第 30 节）。道德的第二个成分是"判断"，根据道德标准，对行为进行价值评估，并做出决策。同一个人即使面对同一个行为，在不同年龄、不同语境下，在体会到不同的社会经验后，是有可能做出不同的道德判断的。而道德的第三个成分，是"实践"，其实也就是是否会尊崇自己的道德感和道德判断去实施自己认同的道德行为。

这三个成分是如何相互关联的呢？想要更好地理解这一点，咱们来看一个与道德有关的问题。

想象有一辆刹车坏了的火车，即将撞上轨道上的五个人，一旦撞上，将无人幸免。现在有个机会能够救他们，你手上有一根拉杆，可以让火车转向开上另一条轨道。但是，另一条轨道上也有一个人。现在你有两个选择：（1）选择拉下拉杆，救下五个人，但杀死一个本来不会死的人；（2）选择不拉，那五个人必死无疑。请问你会如何选择呢？

绝大多数的人会选择拉动拉杆，用一个人的生命去换五个人的生命，从数量上来看是一个理智的选择，在道德上也说得过去。这个问题叫作电车难题，是英国哲学家菲利帕·富特在 1967 年提出的伦理问题。这个问题后来在神经科学和心理学上常常被用来做假想实验。最近十年，随着自动驾驶车的开发，这个问题再次被提起：如果车祸无法避免，自动驾驶的算法应该如何判断撞击的目标和驶向方向？这个问题和电车难题有异曲同工之处。

在这个版本的问题中，你可能已经感受到一点道德判断的复杂性了。现在我们来看电车难题的升级版"天桥难题"。其他情况完全一样，区别在于，如果你想救下那五个人，你必须把桥上的一个无辜的人推下去。

在上述两个问题中，结果是一样的：用一条命来换五条命。但是，仅仅是因为实施的行动不同，在天桥难题中，绝大多数人不会选择去救人，因为这个过程中需要亲手推下去一个无辜的人。你的行为和由此带来的负面作用之间的"距离"短了，这就影响了你的决策。

我们甚至可以把这个天桥难题再次升级。这次你需要亲手去推的，不是一个无辜的陌生人，而是你认识的人，你在意的人，你喜欢的人，你最爱的人，他 / 她也是无辜的。在这种更加极端的情况下，情绪会大大地影响你的道德判断，没有人真的会乐意主动地亲手杀死最爱的人，去救五个素不相识的陌生人。

情绪（emotion）、决策（decision-making）和实施行为（action），

恰恰是神经科学领域三个已有很多研究成果的认知功能，我们甚至可以说出控制这些功能的大脑区域有哪些。可以想象，每一个与道德相关的抉择都是相当复杂的认知过程 [1]。在这个过程中，我们会产生各种各样的复杂情绪，还要能够理解行为和行为所带来的后果，比如自己会不会受到批评或是惩罚，会不会伤害到他人，会不会对其他不认识的人有短期或长期的影响，等等。这让我们很自然地认为，道德应该是个需要多个大脑网络共同合作来实施的认知功能，这也让不少科学家认为，很有可能并没有这样一个单独的大脑区域专门负责道德本身。

关于这个问题的最有名的研究大概是第一篇从神经科学角度来研究道德判断的文章，2001 年被发表在《科学》杂志上 [2]。在这个研究中，作者就用了上面讲的这两个道德难题——电车难题和天桥难题。利用核磁共振成像（回看第 28 节），科学家能够观察到面对这些道德难题时，人的大脑到底在做什么。在思考电车难题这样相对理性客观的情景时，负责抽象推理的大脑区域（背外侧前额叶皮层）更加活跃；而在思考天桥难题这样涉及情绪、情感的情景时，负责处理情感的大脑区域（腹内侧前额叶皮层）更加活跃。这样的结果一点儿都不令人惊讶，充分说明了道德本身的复杂性。

---

[1] 如果你想对"大脑是如何做决策的"这个问题了解更多，推荐你阅读我在前文提到的《大脑的故事》第 4 章"我怎样做决定"。在那一章中，伊格曼从另一个角度分析了电车难题，你可能会发现他的版本更加有助于理解。该书中文简体字版已由湛庐策划，浙江教育出版社 2019 年出版。

[2] Greene JD, Sommerville RB, Nystrom LE, Darley JM, Cohen JD (2001) An fMRI Investigation of Emotional Engagement in Moral Judgment. Science 293(5537):2105–2108.

但这样的实验有很大的局限性，那就是"只是想想而已"，你知道你所做出的判断并不会有任何实质性的影响。但在现实生活中，大多数重要的道德决策都是有后果的。比如，法官大概是需要做最多道德决策的职业了，他们作为第三方审视他人的道德行为时，要如何定义伤害的程度？考虑动机是什么？是故意为之还是意外？甚至还要判断是否要惩罚、惩罚多重？这时大脑有没有一个特殊的区域专门负责处理这类问题？

2008 年发表于《神经元》的另一篇核磁共振成像研究发现，当人作为类似于法庭上的法官这类的第三方判定一名罪犯是否有罪的时候，右侧大脑的背外侧前额叶皮层（dorsolateral prefrontal cortex）的活动相对而

言会更加强烈 [1]。

这个研究团队对该区域进行了进一步的研究。2015 年他们又发表了一篇论文 [2]，发现如果用经颅磁刺激（transcranial magnetic stimulation，缩写为 TMS）去干扰这一大脑区域的时候，参与者会给罪犯更轻的处罚。换句话说，如果能够抑制这个与惩罚和道德判断有关的大脑区域，人就会变得网开一面，减小惩罚的强度。更有意思的是，干扰这个大脑区域还会使得人们在决定是否要惩罚罪犯的时候，更在意犯罪的结果而非犯罪的动机。经颅磁刺激是一种不会伤害大脑的技术，通过靠近被试的头部发射磁脉冲，进而引发邻近的大脑区域的神经细胞们产生极小的电流。通过这样的方式可以刺激或抑制这个区域的大脑活动。这种技术既可以在短时间内影响大脑的特定区域，又（在正常操作下）不会伤害大脑，所以是个很强大的研究手段。

背外侧前额叶皮层
dorsolateral
prefrontal cortex

有研究发现，当人作为第三方判定一名罪犯是否有罪、要判有多少罪的时候，这个大脑区域会额外活跃。

经颅磁刺激
transcranial
magnetic
stimulation

一种通过靠近被试的头部发射磁脉冲，在短时间内刺激或抑制大脑特定区域的活动的技术。

[1] Buckholtz JW, Asplund CL, Dux PE, Zald DH, Gore JC, Jones OD, Marois R (2008) The Neural Correlates of Third-Party Punishment. Neuron 60(5):930–940.

[2] Buckholtz JW, Martin JW, Treadway MT, Jan K, Zald DH, Jones O, Marois R (2015) From Blame to Punishment: Disrupting Prefrontal Cortex Activity Reveals Norm Enforcement Mechanisms. Neuron 87(6):1369–1380.

这个研究提供了直接的证据，说明大脑的背外侧前额叶皮层在道德判断中起着相当关键的作用。特别是对于法官这个职业，他们的工作就是作为第三方判断他人的道德行为，并做出是否要惩罚以及惩罚多重的决策。相对于其他动物，人类的这个大脑区域明显更大。正因为这个原因，有人认为，这个大脑区域的进化可能正是帮助人类社会演变为如今这般复杂的原因之一。

但这个结果并不能说明背外侧前额叶皮层就是大脑的道德中心。而这些科学研究虽然并不能为我们解答"道德"是什么，但也能给我们带来一些警示：当我们在决定别人的命运时，一些不明显的因素可能也会影响我们的大脑，进而对决策过程产生我们自己都无法意识到的未知影响。

▶ 像科学家一样思考

如果有一天我们能够通过分析大脑来量化一个人的道德感，这是否能成为判断一个人好坏的标准呢？

■ 大脑速记

- 道德本身十分复杂，科学暂未发现大脑的道德中心。
- 道德需要多个大脑网络共同合作来实施认知功能。

Oh My Brain

本篇小结

- 多巴胺
  - 多巴胺是一种神经递质
  - 多巴胺不直接产生愉悦感，但参与了产生愉悦感的过程
  - 多巴胺不关心奖励的绝对值，而是奖励的惊喜值（奖励预测误差）
- 大脑里天生多巴胺受体少，可能会导致没什么动力、比较懒、或没什么贪欲
- 奖励的三个特性：愉悦感、提前行动、强化学习
- 奖励是"想要"，而不一定是"喜欢"

喜悦

- 恐惧是面对危险时自动产生的情绪
  - 负面效果：焦虑、狂躁、冲动
  - 正面效果：天生下意识与危险保持距离
  - 对生存非常重要，让我们天生趋吉避凶
- 肾上腺素
  - 帮你的身体做好物理的准备：准备逃跑还是战斗
  - 伴随生理变化：心跳加速、放大瞳孔、呼吸加速、提高血液里的糖分
- 去甲肾上腺素
  - 帮你的大脑做好精神的准备：头脑清晰、对环境高度警觉性
  - 分析当下情况，快速做出合理决定
  - 探索和开发的利弊权衡
- 大脑里的杏仁核
  - 没有它，人就无法识别和感受恐惧
  - 有名的病人：SM 女士
    - 她极其外向、相信所有人
    - 她不能识别别人脸上的恐惧表情
    - 她只有在一种情况下体验到恐惧：窒息，大量二氧化碳使血液酸性变强，会引起恐惧感

我们的情感

恐惧

- 血清素
  - 大脑中血清素含量低，人的情绪会很低落
  - 产生睡意，形成生物钟
  - 与群居社会行为有关：大脑中血清素更高时，人会更倾向于服从群体

忧伤

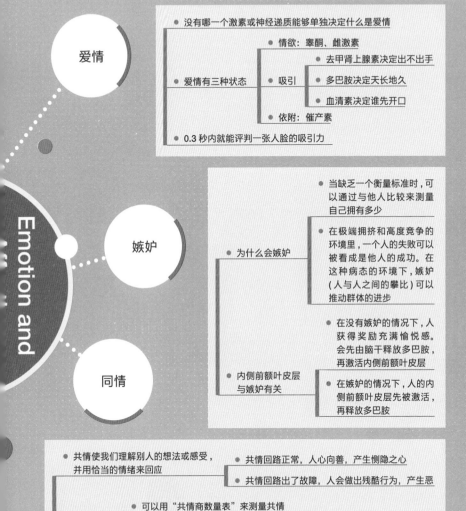

Emotion and

爱情

- 没有哪一个激素或神经递质能够单独决定什么是爱情
- 爱情有三种状态
  - 情欲：睾酮、雌激素
  - 吸引
    - 去甲肾上腺素决定出不出手
    - 多巴胺决定天长地久
    - 血清素决定谁先开口
  - 依附：催产素
- 0.3 秒内就能评判一张人脸的吸引力

嫉妒

- 为什么会嫉妒
  - 当缺乏一个衡量标准时，可以通过与他人比较来测量自己拥有多少
  - 在极端拥挤和高度竞争的环境里，一个人的失败可以被看成是他人的成功。在这种病态的环境下，嫉妒（人与人之间的攀比）可以推动群体的进步
- 内侧前额叶皮层与嫉妒有关
  - 在没有嫉妒的情况下，人获得奖励充满愉悦感。会先由脑干释放多巴胺，再激活内侧前额叶皮层
  - 在嫉妒的情况下，人的内侧前额叶皮层先被激活，再释放多巴胺

同情

- 共情使我们理解别人的想法或感受，并用恰当的情绪来回应
  - 共情回路正常，人心向善，产生恻隐之心
  - 共情回路出了故障，人会做出残酷行为，产生恶
- 测量共情
  - 可以用"共情商数量表"来测量共情
  - 恶人共情能力差，往往在这个量表中得分极低
- 道德
  - 两个经典的道德难题：电车难题、天桥难题
  - 背外侧前额叶皮层、腹内侧前额叶皮层与处理道德问题有关

我们的大脑会学习、能思考，

因此人类才能成为"人"这样独特的存在。

欢迎来到大脑控制中心的第三层。

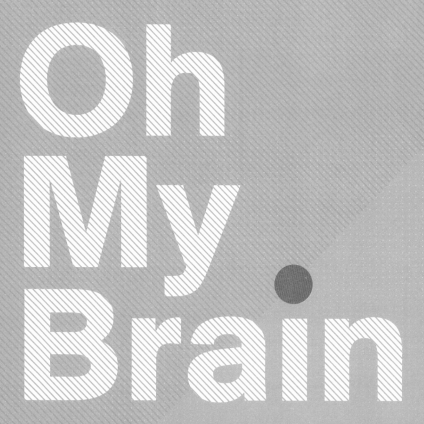

Oh
My
Brain

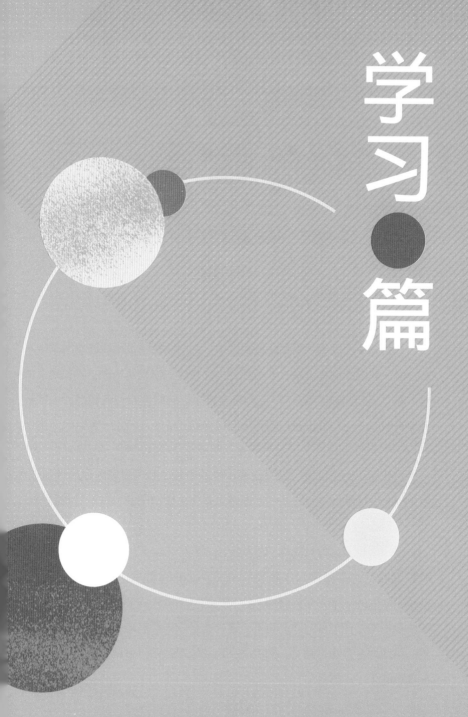

学习●篇

为什么早上老是起不来？

昼夜节律

　　一般你早上需要几点起床？我读中学的时候住校，当时的年级主任不知为何，非要我们每天早上 6 点起床，然后绕着学校跑一圈，实在是"惨无人道"。当时真的觉得，早上起来太难了，睡眼惺忪地去跑步，还要被老师骂懒，一点儿都没有祖国花朵的精神劲儿。

　　为什么早起这么难？尤其是读中学的时候，我感觉早睡早起特别难。我大学时上睡眠学课程才知道，原来这是有生理原因的，真不是我们懒。

　　相比于很多夜行性动物的昼伏夜出，我们人类天生就是白天活动、夜晚睡觉的。这个现象叫作昼夜节律（circadian rhythm），又叫生物钟，是我们脑内的一个无形的时钟，让我们的行动以大约 24 小时为一个周期。即使我们不知道准确时间，也不知道外面是白天还是黑夜，生物钟也会让我们自动地在夜晚想睡觉，到点后又自动醒来。它不会精准到分秒，误差在半小时至一小时。

昀夜节律
circadian rhythm

一种生理现象，生物体内持续的以 24 小时为周期的生理变动。

动物、植物和真菌都有类似的生理现象。在拉丁文里，circa 是"大约"的意思，而 diem 则是"一天"的意思，所以 circadian 就是"大约一天"的意思。美国三位科学家杰弗里·霍尔（Jeffrey Hall）、迈克尔·罗斯巴希（Michael Rosbash）和迈克尔·扬（Michael Young）因为发现昀夜节律的分子机制获得 2017 年的诺贝尔生理或医学奖。

2004 年德国慕尼黑大学的神经科学家就发现，青少年的生物钟和成人不同[1]。当人们进入少年时期，生物钟会慢慢推迟，虽然还是以 24 小时为一个周期，但你会逐渐想晚睡晚起，和其他人好像有时差一样。这个状态会一直持续到 20 岁，并在 20 岁达到高峰。这个生物钟推迟的现象非常明显，特别是到 20 岁左右，你的生物钟会让你特别想晚睡晚起。这个生物钟延迟的顶峰甚至被认为是一个生理标志，标志着青春期的结束。而过了 20 岁，你的生物钟又会逐渐提前。到 55 岁的时候，你的生物钟会回到 10 岁时的状态，自动变得早睡早起。

虽然生物钟是内源性的，内源性的意思是生物钟是身体内自动出现的，但它也会受到外界的影响。这些来自外部的影响因素叫 zeitgeber，这是个德语单词，意思是时间给予者（time giver），有中国科学家将它翻

❶　Roenneberg T, Kuehnle T, Pramstaller PP, Ricken J, Havel M, Guth A, Merrow M (2004) A marker for the end of adolescence. Current Biology 14(24):R1038–R1039.

译为"授时因子",也有人叫它"同步器"。我个人还是觉得 zeitgeber 念起来更酷一点儿。最常见的 zeitgeber 就是光线、温度、运动和饮食规律。

但我们都知道,除了生物钟,我们也有社会钟,就是你手机上显示的、整个时区都会服从的那个时间,它是不会管现在是夏天还是冬天,外面有太阳还是没太阳的。当一个人的生物钟和社会钟长期处于矛盾状态时,就会失眠。

英国牛津大学的科学家又在基因上找到一个关于睡眠的重要发现 [1]。他们通过观察天生就盲的小鼠的生物钟变化发现,哺乳动物的生物钟是和太阳光线相关的。虽然我们可以连续两个月不见光也能够维持生物钟,但如果我们在生物钟认为是白天时享受阳光,并在生物钟认为是夜晚时身处黑暗,那么我们更容易自然地产生睡意,维持生物钟的准确性。

一般而言,学校要求早上到校的时间应该是 8 点左右,某些学校很有可能更早。据我所知我的母校直到现在仍然早上 7 点就开始早自习,而对于你的生物钟来说,这可能相当于 5 或 6 点钟。你可能连 8 个小时都睡不到,更别说这个时间是否符合你体内的生物钟了。

---

[1] Lupi D, Oster H, Thompson S, Foster RG (2008) The acute light-induction of sleep is mediated by OPN4-based photoreception. Nature Neuroscience 11(9):1068–1073.

这种时间安排是非常不科学的，它不仅会让人感觉没劲儿、学习状态不好，甚至还会让人容易长胖。

那什么时候才是最佳上学时间呢？这其实很难决定。美国医学协会的官方建议是，不要早于八点半，但最近英国又有新研究认为 ❶，早上 10 点才是初中生（13 ~ 16 岁）开始上课的最佳时间。真希望教育部门能看到这些论文，不要用传统的教育思维来要求未成年人。论文的信息我已经放在脚注，你也可以下载给各自的老师看看。希望有朝一日，我们能改变中学早上 8 点前上学的规定！

❶ Kelley P, Lockley SW, Kelley J, Evans MDR (2017) Is 8:30 a.m. Still Too Early to Start School? A 10:00 a.m. School Start Time Improves Health and Performance of Students Aged 13–16. Frontiers in Human Neuroscience 11:588.

● **像科学家一样实践**

　　如果你晚上有失眠的问题，强烈建议你尝试换一下床上用品。确实有研究发现，青少年的失眠问题严重，而寻找到合适的床上用品能够有效地提高睡眠质量 [1]。先从枕头来说，有些人适合扁的，有些人适合又软又有支撑力的。床单和被子也会对睡眠有很大影响。当然，给卧室装上遮光好的窗帘，确保入睡前不过饱或饿肚子，也很重要。不过最重要的是，不要在睡前看手机，手机屏幕的光线会让你减少睡意。

■ **大脑速记**

- 早上不想起床上学，不是因为懒，而是生物钟导致的。
- 睡得足，才能学习成绩好。
- 科学家认为，上学时间不宜早于八点半。

---

[1]　Telzer EH, Goldenberg D, Fuligni AJ, Lieberman MD, Gálvan A (2015) Sleep variability in adolescence is associated with altered brain development. Developmental Cognitive Neuroscience 14:16–22.

有没有可能在睡觉时学习？

睡眠与学习

人一辈子要花至少三分之一的时间在睡眠上，这是很可怕的比例。与之对应的，我想在这部分也花至少三分之一的篇幅来仔细讲讲睡眠。

睡眠的重要性不需要我多说。然而很多人，甚至包括很多神经科学家，对它的了解，还是处于想当然的状态。即使在教科书中，或其他与大脑相关的科普书中，我也很少看到专门描述睡眠的内容，即使有也很少。这并不是因为大家忽视它的重要性，而是因为我们对它的了解确实很少。

读中学的时候，我的英语成绩特别差，就是那种传说中，仅靠一人之力就能把班级英语平均分往下拉 1 分的"人才"。每次要考英语，我晚上都愁得睡不着觉，我想了一招，就是把要考的内容全部用复读机录下来，然后睡觉的时候听。我当时也说不出到底有用没用，但实在是太发愁考试了，病急乱投医。

但话又说回来，人的一生中至少有三分之一的时间在睡觉，如果我们真的能把这些时间利用起来学习，那简直太完美了。那这到底可不可能呢？

先告诉你答案：可能，但就现在的技术和知识而言，做不到那么万能。

我们先来看看睡眠时的大脑到底在做什么。

人在睡觉的时候，虽然躺着不动，也对外界没什么反应，但大脑还是在活动的。这些活动可以用脑电图观察到。我们在情感篇中提到了脑电图（回看第 28 节），它是一种可以实时观察大脑活动的成像技术。

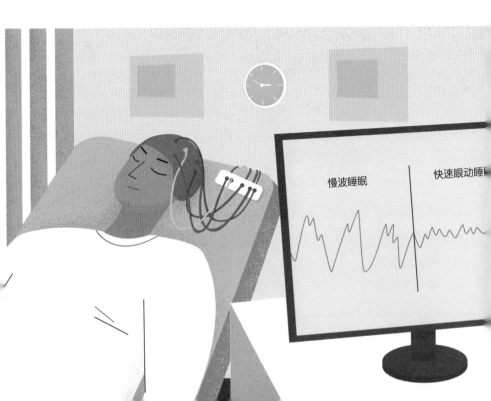

在睡眠状态下，大脑的活动依次进入不同阶段。在每个睡眠阶段，大脑都会产生不同节奏的脑电波，且不断循环。睡眠主要有两个阶段，一个叫慢波睡眠，这个阶段中大脑的脑电波呈现1~4赫兹（也就是每秒完成1~4个周期）。慢波睡眠也常被称为深度睡眠，因为如果你在这个阶段被强制叫醒，会感到迷迷糊糊的，可能反而比不睡还精神萎靡。

快速眼动睡眠
rapid eye
movement sleep

这个睡眠期最显著的特点就是眼球会快速地运动，梦境通常会在这个阶段产生。

而另一个阶段叫作快速眼动睡眠。这个阶段特别有趣，脑电波看起来和你醒着的时候没什么两样，非常活跃、不规则，而且眼球会快速地运动，当然我们看不到，因为眼睛是闭着的。处于这个阶段时，睡眠中的你的身体几乎完全不会活动，而眼球和呼吸系统的肌肉会动，同时大脑还会做梦。大多数的梦都是在这个时间段出现的。每晚，你的大脑会不断从慢波睡眠进入快速眼动睡眠，然后回到慢波睡眠，再进入快速眼动睡眠，不断如此循环。慢波睡眠加快速眼动睡眠就是一个睡眠循环，大概需要一个半小时左右。

另一个与睡眠相关的重要现象就是，睡眠过程中大脑会巩固新记忆。这一点我们已经在各种动物，包括人身上进行多次验证了。如果你需要提高复习效率，强烈建议你不要熬夜，一定要保证睡眠。而且千万不要考试当天临时背课文，至少要在睡前完成，记忆效果一定会好很多。但要说明的是，虽然这个现象非常显著，但截至 2020 年，为什么睡眠会巩固记忆，这到底是怎么实现的，我们还不是很清楚。

让我们说回睡眠与学习的问题。一百年前的科学家和大众对睡眠一无所知。当时不少人以为睡眠和催眠是一个道理，当然现在也还有人这么想当然，认为睡眠时如果有人在你的耳边不断念叨暗示，你对这个暗示的吸收就会更好。这个逻辑现在看来肯定是站不住脚的。但在 20 世纪初，有美国商人钻了这个知识漏洞的空子，发明了一种叫"心灵电话"的机器，号称能够改变使用者的心灵，让人变得更自信，还能学新语言。其实，这个产品的本质就是个复读机。你对着它录下"你最美！""你一定会成功！"这样充满自我暗示的话，然后整整一晚地放在耳边听。这种产品听着就不靠谱，我估计都睡不着。当然，也不能因为曾有人用"睡眠学习"作骗局，我们就武断地认为睡眠对于学习没有作用。

其实 2014 年就有研究显示，在睡梦中听已经学过的新词汇确实可以帮助记忆。在该研究中，科学家找来将近 70 名没学过荷兰语的德国人，让他们一口气记 120 个荷兰单词，学完后立即去睡觉，并在他们睡觉过程中播放之前学过的单词的录音。结果发现，即使这些学习者并没有意识到睡眠时听了单词，也不知道听到了哪些单词，在醒来后的测试中，在睡眠中听过的单词明显比没有听过的单词准确率更高。这为睡眠学习提供了一些证据，说明在睡眠中可以巩固已有的记忆。即使如此，我还是不建议你考试前整晚给自己循环播放英语单词。因为这个结果是在实验室里得出来的，在实验室里，睡眠环境、声音的音量，以及每个人的睡眠情况都被专业人员精密地监控着，这样会尽量减少声音对睡眠质量的负面影响。但如果你自己在家试图复制，就可能会因为一晚上听着声音吵到自己，反而影响睡眠，第二天考试精神不济，这样就得不偿失了。

那睡梦中有没有可能学习新知识呢？有可能的，但已有研究表明仅限于非常简单的、条件反应一般的任务。要学习更复杂的知识，单纯地听录音是不够的。像我幻想的，在睡眠中学习新语言、练习高尔夫球、提高数理化成绩，这些复杂的学习任务不可能通过简单地使用复读机完成，暂时不要妄想了。不过，理论上也不是说完全没有可能。想想我曾祖母与我现在同岁的时候，世界上大多数人都没见过座机电话，当时的人如何能够相信现在人人都能用上智能手机这种像仙人宝物的工具呢？总有一天，我们的大脑将会是最有价值的商品和平台，就如当下的因特网浪潮一样，但在那一天来临之前，我们还需要对它了解更多，不能把时间浪费在空想之上。

■ 大脑速记

- 一个睡眠循环就是慢速睡眠加快速眼动睡眠，需要一个半小时左右。

- 睡觉时大脑会巩固新知识，但无法学习新语言、练习高尔夫球。

- 考试前一晚不要熬夜，要保证睡眠。

智力到底是什么？

智力模型

首先，要明确的一点是，智力这个概念本身就充满争议。

在我们的印象中，智力应该是用来形容一个人有多聪明的数值。但仔细一想，我们在说一个人聪明的时候，到底是在说他哪方面聪明呢？数学？社交？语言？音乐？还是运动？虽然上面说的每个领域都有各种各样的畅销书，不少还是有名的教授写的，甚至还有很多针对这些能力的补习班，但遗憾的是，这些书所倡导的内容有很多站不住脚，似是而非，有时可能只是简单的安慰剂，而有时会给读者带来误解。

咱们以一道智力测试题为例。

请问下面四个人名中，哪个和其他三个无关呢？

A. 约翰·塞巴斯蒂安·巴赫

B. 约瑟夫·海顿

C. 路德维希·范·贝多芬

D. 古斯塔夫·克里姆特

如果你能很轻松地解答这个问题，那是为什么呢？你为什么比别人做得好？因为你掌握的文化知识比较多？因为你之前做过这个题目？还是因为你是学音乐或艺术的，自然知道这些人？再或者，你就是很聪明？其实这些答案都对。

我第一次碰到这样的题的时候也很蒙，因为我们一般都只记得住西方人的姓氏，比如爱因斯坦、牛顿、居里夫人。很少有人会记得他们的全名分别是阿尔伯特·爱因斯坦、艾萨克·牛顿和玛丽·居里。我对古典音乐家不是很熟悉，但仔细观察答案后，我发现他们的姓氏似乎都很眼熟，特别是巴赫和贝多芬，他们都是有名的音乐家，而我恰好也知道克里姆特是个画家。自然，即使我对海顿完全不熟悉，我也能通过排除法知道这道题的答案应该是 D。

这道题的答案确实是 D，其他三人是著名古典音乐家，而选项 D 是一位象征主义画家。克里姆特来自奥地利的维也纳，他最具有代表性的画作《吻》华丽中带有一股沉闷的美感，充满象征含义，很有意思，现在是奥地利的国宝，藏于维也纳的奥地利美景宫美术馆，有机会请一定要去观赏原画。

历经了一百年的讨论，现在科学界终于有了一个大致的共识：智力是一种精神能力，包括以下八个方面：推理、理解、计划、解决问题、抽象思维、理解复杂思想、语言能力及从经验中快速学习的能力。

  乍一看到上面的题目，你可能会觉得很奇怪。这种题感觉偏文科呀，和我们想象的很多智商测试题完全不一样，对偏理科的同学来说会不会很不友好。

  说到这里，让我们暂停一下。如果我在文科上很聪明，能说明我在理科上不聪明吗？

  之所以有这样的疑问，重点不在于这个问题偏文科还是偏理科，而是你可能有一种刻板印象：能回答出上面那种文科艺术类题目的人，在做空间立体旋转的理科题目时可能就更不擅长一些。所谓人无完人，在某一方面擅长的人，往往在另一方面做得差一些。

  事实上，经过过去几十年的调研，科学家发现，聪明的人在不同的领域都有同样好的表现，无论是语言还是数学，在一个方面做得很好的人，往往在其他方面也能做得不错。虽然像我们之前所说的，智力是分领域的，但从某个角度来看，智力又代表着大脑完成各种任务的综合能力。因此，在学术上，智商成绩有个更专业的名词：一般智力因素。这里的"一般"并不是指"你成绩是不是特别好呀？""没有，一般而已"里的那个"一般"，而是"通用""综合"的意思。

智力 intelligence

一个衡量解决问题能力的复合型指标，包括八个方面：推理、理解、计划、解决问题、抽象思维、理解复杂思想、语言能力及从经验中快速学习的能力。

所以，现阶段来看，参加正规、全面的智力测试所获得的成绩是能够给被试的一般智力或综合智力提供一个大致标准的。但要注意，请不要随便在网络上搜一个智力测试就信以为真，一定要去专业的认证机构做专门测试。

最后我们总结一下。智力是由多个方面共同组成的。通常智商测验会先将各个方面拆开单独分析，最后再把测验结果放在一起，构成一个人完整的智商评分，这个评分叫作"一般智力因素"，这个数值是有一定参考价值的，但也不是绝对的。千万不要因为你比其他人多一两分就有优越感，更不要因为少几分就失落。在下一节中，我们会探讨智力是天生的还是后天的。

● 像科学家一样实践

你觉得自己在哪些方面更优秀呢？不如把自己擅长的方面列成一个表格。你可以从以下六种不同的智能切入：身体、社会、逻辑、语言、艺术、音乐。当然，可能还有其他的方面，可以尽情发挥。

■ 大脑速记

- 智力不等于聪明，也不等于分数高，而是一种复合型指标。
- 专业的智力测试才有参考价值。
- 聪明人的语言能力强，数学思维也不错。

智力是不是天注定的？
智力的影响因素

智力是不是天生的，这个问题的答案分为两派。

一派认为，智力来自遗传。我小时候经常听到这么一个观念：一个人小时候测智商，无论分数高低，无论采取怎样的教育方式，他一辈子都会维持在这个智商水平，因为智力是天生的，父母聪明的孩子往往很聪明，正所谓"龙生龙，凤生凤，老鼠的儿子会打洞"。但仔细想想，这似乎不怎么站得住脚：每个人身体里的基因信息，满打满算，也就 750 兆，信息量比手机上的游戏软件还小，真的能解释所有的智商差异吗？

另一派认为，智力主要是由后天环境决定的，后天的教育对智力的影响远远大于基因。这确实是有道理的。通过观察全球历年来的智商测试结果，我们发现在测试题没有变化的情况下，人们的平均智商显著提高。从1930 年开始，西欧国家的人口智力水平每 10 年升高 3 ~ 6 分，这个现象叫弗林效应。这个现象到底是怎么出现的，人们现在还不太清楚，可能与营养的改善、教育程度的提高、多媒体的出现等因素有关，但几十年对于基因来说是很短的，在此期间智商的增长肯定和基因的演化没有关系。

弗林效应
Flynn effect

指智商测试的分数逐年提高的现象。

但弗林效应可以用很多原因来解释，从生物学角度来看，可能是因为近年来近亲通婚减少，降低了先天疾病的比例，甚至因为全球化的发展，跨种族通婚大大增多，带来生理上的优势，这在遗传学上叫杂种优势（heterosis）。另一个生物学因素可能是饮食结构的变化，过去一百年中，许多国家，特别是发达国家的居民日常营养变好，这给胎儿和儿童的神经发育带来了好处。不仅如此，从社会学角度来看，有更多的人得到了标准教育，人们更加熟悉选择题这种题型。有相关研究成果表明，如果被试曾经做过类似的题目，第二次做的得分普遍会比第一次高，平均高 5 ~ 6 分。

让问题变得更加复杂的是，2018 年挪威科学家发现，弗林效应中描述的人均智商增高的现象似乎最近已经停止了[1]。从出生于 1975 年的那一代人开始，智商测试的得分开始下降。这个发现基于北

[1] Bratsberg B, Rogeberg O (2018) Flynn effect and its reversal are both environmentally caused. PNAS 115(26):6674–6678.

欧国家挪威的 73 万男性的智商得分。结果发现，出生于 1991 年的人比出生于 1975 年的人低了 5 分。也就是说，弗林效应出现了逆转！那是不是说明我们这代人不如上一代人聪明呢？

有一种解释是，1980 年以后，发达国家，如北欧的挪威，率先进入数字时代，这个时代的智商属性发生了转变，但一百年前发明的智商测试无法反映出这种改变。换言之，古老的智商测试已经不适合现代社会。但另一种解释是，从 1995 年起，也就是从我所属的这一代（我 1992 年出生）开始，孩童时期大规模接触电子游戏和智能手机可能干扰了儿童的思维发育。当然，对这个结论我们要保持谨慎，毕竟这只是挪威的测试结果，可能有地区的局限性。

为了进一步研究智力到底有多少是天生的，科学家专门研究了同卵双胞胎。这样的双胞胎基因完全相同，如果他们在完全不同的家庭环境下长大，那两者在智力表现上的共同之处就一定是和基因相关的，而差异则与后天环境相关。

结果发现，当双胞胎成年之后，基因的影响占比是 50~80%！但比例是怎么算出来的呢？把同卵双胞胎两人的智商得分做一个一对一的线性相关分析。如果两个人的得分一模一样，那智力和基因相关系数为 1，说明人与人之间智力差异百分之百是由基因解释的。这里，我们要问，剩下的 20~50% 去哪儿了。简单来说，除了基因以外，还有其他的因素会影响到智商，比如性格、家庭环境、领养父母的智商、兴趣爱好等等，甚至同一对双胞胎，在不同年龄接受测试，相关性也会不同。

基因确实对我们的智力有很大的影响，但这并不代表基因就决定了智力，它只是解释了人与人之间的部分差异。

你可以把基因和智力之间的关系看成菜谱和做出来的菜。有一份好的菜谱自然能够帮我们规避黑暗料理，但最后做出来到底怎么样，好吃不好吃，是另一个问题。

▼ **像科学家一样思考**

如果智商是百分之百遗传的，那么这个世界会是怎样的呢？

■ **大脑速记**

- 基因对智力有很大影响，但并不是决定性的。
- 不同年代出生的人，智商测试分数均值有所不同。
- 基因对智力具有很大的影响，但不能完全决定智力。

玩游戏真的百无一用吗？
注意与学习

其实我挺喜欢打游戏的。玩物丧志肯定是不好的，但能打好游戏也挺难的，也需要某些能力突出。难道偶尔玩一会儿电子游戏就真的那么伤害我们吗？

爸妈最常说的一句话是："还玩儿，还要眼睛吗？"的确，长时间对着屏幕玩电子游戏会引起视力下降。但说实话，学习压力大，也会导致近视。无论玩游戏还是学习，如果眼睛完全不休息，自然会近视。但人的视觉能力不仅仅包括眼睛是不是近视，还包括许多其他的视觉认知能力，比如注意力、在视野中及时发现细微变化的敏捷度等。

在生活中，看东西需要能够识别边界清晰的物体，也要能识别边界模糊不清的物体。后面这种能力，在学术上被称为"对比敏感度"（contrast sensitivity）。这个能力在日常生活中非常重要，譬如在大雾天开车时，驾驶员需要能够快速地识别模糊不清的事物。在临床视觉测试中，这也是一个很重要的视觉测试项目，在弱视、青光眼、老年黄斑病、视神经疾病的早期发现中有重要意义，甚至还被运用在中风和阿尔茨海默病的检测之中。然而，这种视觉能力一直都被认为是非常难以恢复或提高的。

2009 年，美国神经科学家达夫妮·巴韦利埃（Daphne Bavelier）发现 [1]，玩动作类电子游戏（比如《使命召唤》这类射击游戏）能使人的对比敏感度有效提升。研究人员找了一些平时不玩动作类电子游戏的人来玩《使命召唤》（第一人称射击游戏）。按照常理，要是每周花 5 个小时、10 个小时，甚至 15 个小时来玩游戏，视觉能力应该会变差。然而结果却让人瞠目结舌——这些每周花大量时间玩动作类游戏的人视力不但没有下降，反而比不玩游戏的人视力更好。而且玩家的对比敏感度在开始玩游戏后有了明显提高。游戏过程其实训练了玩家的敏感度，让他们能在杂乱的背景中迅速分辨出细节，甚至能分辨不同的灰度。简而言之，在大雾天开车时，常玩这类游戏的玩家可能会更快地发现危险，在很大程度上降低风险。换言之，虽然打游戏并非为了开车更安全，但这样的能力提升，说不定能在不知不觉中帮助到自己。

游戏的另一个原罪是"玩游戏会让人无法集中注意力"。如果说电子游戏容易导致人注意力分散，我们需要先确定如何测量注意力。当大脑在做"烧脑、费脑"的事情的时候，注意力越集中，完成的速度就会越快。

[1] Li R, Polat U, Makous W, Bavelier D (2009) Enhancing the contrast sensitivity function through action video game training. Nat Neurosci 12(5):549–551.

那我们来做一个小游戏。想象你的面前有个电脑屏幕，屏幕上有很多无规律随机运动的小球，小球都是蓝色的。在游戏开始前，小球都是静止的，有三个小球被标记成黄色，然后你需要记住这三个小黄球的位置。记住之后，小球的颜色会被蒙上，现在所有的小球都是蓝色的。当小球开始运动时，你要同时跟踪刚才记住的三个小球的运动轨迹。过了一小会儿，所有的小球会停止运动，这时我会问你：现在屏幕上的蓝色小球，哪三个是刚才的小黄球？是不是有点难？这是心理学和神经科学上一个非常经典的视觉任务，叫作多目标追踪任务（multiple object tracking），专门用于测试视觉选择注意力的。想要成功完成这个任务，"玩家"必须保证注意力高度集中，才能记住这些小球，并且长时间地同时追踪它们。

2003年，巴韦利埃教授发现 ❶，在做这个任务时，不玩游戏的人能够追踪的数目大致为 3~4 个，而常玩动作类游戏的人能同时追踪 5~6 个球。这说明游戏玩家的视觉注意力比非玩家要好，动作类游戏可能提高了视觉注意力。仔细一想，其实这也不难理解。射击游戏其实非常考验玩家的观察能力，因为为了赢得胜利，玩家需要时刻观察周围的环境，分辨是否有危险，并分析如何在混乱的战斗中占据优势。

● **像科学家一样实践**

下次玩游戏的时候，无论是电子游戏还是其他形式的游戏，请留意一下这场游戏考验了玩家哪些方面的认知能力：在这个任务里，想要成为赢家，需要怎样的特质？再将游戏和你最讨厌做的事情做一个比较，想一想游戏的什么特性让你着迷？你最讨厌的事情又是什么特性让你厌烦？有没有可能将游戏的特性移植到那件事情上？

大脑主要有三个区域负责注意力：顶叶、额叶和前扣带回。其中，顶叶负责控制注意力，额叶负责保持注意力，而前扣带回负责分配、调节注意力并同时处理矛盾。如果用核磁共振成像仪扫描专业的动作类游戏玩家的大脑，就会发现他们大脑的这三个区域比非玩家的更有效率，能够更好地控制和保持注意力，协调注意矛盾。

❶ Green CS, Bavelier D (2003) Action video game modifies visual selective attention. Nature 423(6939):534–537.

　　类似的论文很多，适度地玩电子游戏不仅在一定程度上训练了人的认知功能，而且还在潜移默化中引导我们去自我探索和学习。要注意的是，虽然有一些论文说明了游戏的好处，但证据都非常零散，研究的手段也不够严谨，我们现在还不能断言电子游戏到底对大脑的训练有多大实际价值，也不知道你在游戏中学习到的各种能力是不是真的有益于日常生活和学习工作。咱们姑且把这一节当作抛砖引玉，希望以后我们能够更科学地看待游戏对大脑的影响，也希望这类研究能够打破大家对电子游戏的偏见和误解。

■ 大脑速记

- 大雾天开车时，游戏玩家比普通人更容易发现危险。
- 游戏对大脑的训练有多大价值，尚无定论。
- 专业动作类游戏玩家负责注意力的脑区比非玩家更有效率。

听音乐做作业到底好不好？
音乐与学习

我特别喜欢自习的时候听音乐，但老师不允许做作业时听音乐，我总是被老师逮住，音乐播放器至少被没收过三次。自从读博士期间开始研究听觉和注意力，我一直都很想证明这个问题的答案是"好，我们就是应该边听音乐边做作业"。然而，2019年2月初，针对这个问题的一个新研究[1]已经提供了有效答案。

先公布答案，答案是：不好。听任何类型的音乐，无论你喜欢不喜欢、听不听得懂歌词，甚或有没有歌词，它都会明显损害你的工作表现。相比之下，图书馆里的杂音不会有明显影响。

在这个实验中，被试被要求在听不同音乐的情况下做一些测试，看这

[1] Threadgold E, Marsh JE, McLatchie N, Ball LJ (2019) Background music stints creativity: Evidence from compound remote associate tasks. Applied Cognitive Psychology 33:873–888.

些音乐是怎么影响测试结果的。这个实验有两个关键，一个是听什么音乐，另一个是做什么测试。让我们依次来看看这两个关键点，以及它们相对应的结果。

首先，音乐的选择。这个实验中，研究人员测试了五种情况：毫无背景声音；模拟图书馆噪声的背景声；有歌词的音乐，且歌词是被试熟悉的；有歌词的音乐，但歌词是外文的且被试从未听过；无歌词的乐器演奏音乐。结果发现，前两种的结果没有区别，但后面三个，无论是听怎样的音乐，做出来的测试成绩都不如没有音乐的好。

那为什么听图书馆噪声的背景声会比音乐效果还好呢？从声音工程角度来说，背景声虽然可能是随机、略显嘈杂的，但总体来讲是平缓的，其间没有发生特别令人关注的事件，用英文来说就是 uneventful。相比之下，音乐，即使是比较舒缓的音乐，也会包含很多引人注意的地方，无论是某个音还是某段曲调，用英文来讲就是太 eventful 了。换言之，除了图书馆噪声，其他的平缓的环境性声音（ambient sound）都应该对工作没有明显影响，譬如下雨的声音、树林里鸟儿叽喳的声音。当然，这些声音不能太响，吵得让人无法忽视肯定比音乐还影响学习。

有些令人意外的是，无论在被试非常喜欢这首歌、明显情绪被带动起来的状态下，或者被试平时也在学习工作时听这首歌的情况下，被试的测试成绩都明显受到了负面影响，而且效果差不多。

其次，做什么测试。这个研究选择测试被试的"创造性表现"，也就是他们的"创造力"（creativity）。写作文、画画、做数学题其实都需要创造力，特别需要灵光一闪的那个瞬间。在心理学上，创造力测试多以发散性思维为指标，一般分为语言和绘图两种。在这个研究中，他们用的是语言式的创造力测试，叫作"远距离联想测试"（compound remote associate tasks，缩写 CRAT）。实验是在英国做的，我从中文版 [1] 中取两个例子。

1. 线索字为"睛""泪""眨"，目标字为"眼"。（这个题目的目标字为单音字。）
2. 线索字为"窝""隐""宝"，目标字为"藏"。（这个题目的目标字为多音字。）

这个实验主要探索的是听音乐对创造力的影响，但如果仔细思考这个实验使用的任务本身，其实代表的是语言记忆、顿悟、问题解决这三大能力。语言记忆能力影响你的语文、英语成绩，顿悟能力影响你的数学成绩，而问题解决能力影响所有科目。所以，只要这个测试针对的是创造力，就和日常学习工作没关系了。

但话又说回来，为什么艺术家在创作时有时会播放音乐呢，而且往往是情绪高昂、很难被忽视的音乐。这是不是和这个研究的结论相反呢？也不是。因为艺术创作中往往需要大量的情绪输入，而音乐能够很好地带动情绪。所以"艺术创造时听音乐会更带劲儿"并不是"听音乐会降低人的创造性表现"这个研究结果的反例。当然，这是一种解释，说不定这个研究结果

---

[1] 现有的中文词汇"远距离联想测试"是由台湾师范大学教育心理和辅导学系的陈学志教授等编制的。

在未来会被推翻。上面的所有讨论都以"这个研究结果是真的且有普适性"为前提。

总体来讲，这个研究设计得比较完善，确实回答了一个长期以来大家感兴趣的问题。就此来看，无论你喜不喜欢、熟不熟悉，听音乐对创造性工作或者包含问题解决能力的工作都可能有负面影响。

当然，我也明白，有时候写作业时听歌，根本就不是为了提高效率，而是为了把写作业变成开心的事儿。

● **像科学家一样实践**

如果你还是想边听歌边学习，不如记录一下每天听歌的时长和歌曲风格、当时的心情及学习成果（比如作业花了多长时间完成、最后得分为多少等）。一段时间以后，你有可能会发现最适合你的背景音乐。不要总是相信自己的主观感受。

■ **大脑速记**

- 听音乐会影响学习效率。
- 艺术创作时听音乐更带劲儿。
- 平缓的环境噪声对学习和工作没有明显影响。

考着试，怎么脑海里就开始
循环播放神曲了呢？
耳虫和耳鸣

你可能也有这种体验，有时脑海里无缘无故地开始放一些歌，而且根本停不下来。这在听了"神曲"之后特别明显。这是为什么？是耳朵或脑子出问题了吗？不用担心，这是个常见现象，绝大多数人都有类似的体验。在学术上，我们称之为"耳虫"。

什么样的人更容易体验到耳虫呢？那些比一般人更加依赖音乐的人，会更容易产生耳虫现象并且更加频繁，持续时间更加长久，更容易引起困惑和烦恼。如果你不怎么听音乐，也常常感受到耳虫，那有可能是你的脑部活动更加频繁、思维更加活跃，因为这类人也很容易出现这种现象。

如果你仔细观察就会发现，压力大的时候更容易出现耳虫。对我来说这点特别明显，我每次考数学的时候，脑袋里就不断地循环播放国歌，整个人非常亢奋。

除了听者的差异，有些乐曲似乎有某些共性使人更容易产生耳虫? 换言之，是什么让"神曲"变成了神曲? 调查发现能引起耳虫的"神曲"，通常有两大特征:（1）音符更长: 比如，二分音符比四分音符长;（2）音程更短: 音程指的是任意两个音之间距离的远近，比如，同一个八度上 do 和 re 的距离就比 do 和 so 的距离近得多。比如，大三度和小三度。

那我们该如何处理耳虫呢? 听之任之，自暴自弃，还是沉浸其中? 或者想办法关掉? 这里有多种小偏方供你选择——说它们是偏方是因为我们从科学上并未验证它们的有效性。一种是找到原曲从头到尾放一遍（不过我有点担心这会加重我的耳虫）。另一种是嘴上哼个其他的歌，或与其他人说话、大声朗读。

耳虫 earworm

大脑中循环播放一段旋律的现象。

另外我还要提一个现象，叫作耳鸣 (tinnitus)。一个人在安静的时候，脑袋里会出现尖锐的"嘤——"的声音或出现某些不明所以的噪声。你可能现在年纪比较小，还没有注意到这种现象，但我在读大学的时候就开始有耳鸣现象了。

耳鸣是非常常见的现象，但很容易被忽视，因为它的声音往往非常难以描述，如果你没有学过音乐、不懂声学，很难去形容它。这种声音时不时地出现，一般来说不会给你的生活带来困扰。即使你现在已经出现这些问题，也不要焦虑，在很多情况下，给大脑一点时间，耳鸣的情况会缓解的。大多数人都会发现，过一段时间耳鸣就消失了。其实耳鸣并没有消失，就像眼睛前面的鼻子，其实你一直都看得到鼻子，大脑已经习惯了它并且因为它一直存在而直接把它忽略掉。但如果你发现它一直出现，而且已经让你感到心情烦躁、入睡困难，甚至开始听不清楚外界的声音，就一定要告诉家长，尽快就医。

遗憾的是，现在我们还不太明白耳鸣到底是怎么回事，也不知道怎么根治它。简单来讲，根据耳鸣最后导致失聪的生理性原因，耳鸣大致可以分为两种。

严重情况下耳鸣是会导致失聪的。通过研究这样的病患，我发现，这些患者中的大多数人当初出现耳鸣是因为内耳受到了不可逆的损伤。这种失聪的情况，专业叫法是"感觉神经性耳聋"。而这个损伤主要源自长期听到过响的噪声。除了噪声，也有可能和疾病相关，包括梅尼埃病（Ménière's disease）和耳硬化症（otosclerosis）。

梅尼埃病是一种与内耳有关的病。患者会耳鸣、突然眩晕、听觉减弱，还会觉得恶心。这种病一般中年人才会得，大概千分之一的发病率，当下无法被治愈。很多人因为有严重的眩晕去检查，才发现自己得的是这种病。耳硬化症是指耳朵里的那些小骨头（比如听小骨）逐渐硬化，导致听力丧失。这种病是遗传性的，一般在 20 ~ 30 岁发病。这种病在我们黄种人身上发病率很低，而且是可以通过手术治愈的。

还有一种不怎么常见的情况，内耳没有直接损伤，但是中耳堵塞（就是耳屎啦，对了，耳屎的学名叫耵聍），甚至产生了炎症（中耳炎）。这种耳鸣所导致的耳聋叫作"传导性耳聋"。

甚至焦虑也和耳鸣有关。虽然我们现在还不清楚两者的联系，但焦虑可能会引起耳鸣，也会让耳鸣更严重，形成恶性循环：耳鸣更严重导致更加焦虑和烦躁，然后出现更严重的耳鸣。基于这个原因，很多耳鸣治疗都有减压环节。

现在绝大多数缓解耳鸣的治疗方式，本质上就是让人放松。耳鸣如果和噪声相关，那就建议戴降噪耳机，还有听音乐时降低音量。如果和耳屎有关，那就请好好挖耳屎！如果实在没法挖出来，可以往耳道里滴几滴橄榄油。但要注意日常挖耳屎时不要用棉签，那会把耳屎往里推的。

■ **大脑速记**

- 脑海中循环播放"神曲"的现象，叫作耳虫。
- 给大脑一点时间，耳鸣会缓解。
- 如果耳鸣和噪声有关，建议戴降噪耳机。

如何能够快速地掌握一项技能？
从新手到专家

我要先道歉，这个标题取得有点过头了。因为做任何事都没有捷径，只有不断努力才能够精进。

那一般我们需要付出多少努力才能够真正掌握一项技能呢？

美国记者马尔科姆·格拉德威尔（Malcolm Gladwell）有本很畅销的书，叫作《异类》（*Outliers: The Story of Success*），这本书提到了一个非常有名的概念，叫作"一万小时定律"，指的是掌握一项技术或能力，需要进行大概一万小时正确的训练。

这个概念其实是一个误读。这原本是美国佛罗里达州立大学的心理学教授安德斯·埃里克森（Anders Ericsson）的一个统计学研究结果，但格拉德威尔不知道是故意为了造个大新闻，还是理解有误无意地写错，错误地将一万小时解释成了一个固定的时间分界线，让人以为只要花够一万小时就能掌握某项技能。其实埃里克森教授的研究非常有限，而且他说的一万小时是一个大概的平均值，人们掌握一些技能的时间大大少于一万小时，而另一些却需要好几万小时。而且"一万小时定律"完全把训练的质量模糊化了，我坐在钢琴面前磨磨蹭蹭地弹，和全神贯注、在老师指导下练，同样的时长，效果肯定是不一样的。

那精通一项技能到底有没有快速的方法呢？当然是有的，关键就是要找到入门和精通状态之间的决定性差别。只要找到了这个决定性差别，针对这个差别来做有针对性的刻意训练就能够事半功倍。

最简单的办法就是直接询问以此为职业的专家，有没有什么心得和技巧。但问题在于，很多时候专家自己也不太知道答案，即使他有明确的主观总结也难免有水分。最好的办法就是仔细观察，看他们的行为和业余爱好者有什么区别。

这里拿专业运动员举例。加拿大心理学教授琼·维克斯（Joan Vickers）通过观察发现，专业运动员在比赛过程中眼球的运动会比常人少，她把这个现象称为"安静的眼睛"（quiet eye）。

那具体来讲少到什么程度呢？比如，她给两组体操运动员看一些照片，照片里有人在表演平衡木项目。通过用眼动仪观察运动员在看照片时的眼球运动，她发现，技术更优秀的体操运动员眼球运动得更少，而且会让视线固定在一个位置更长时间，还更常将视线聚焦在躯干上。相比之下，技术稍弱的运动员则更常将视线放在图片中的运动员的头、手和腿上。与之类似，她还去观察了篮球队里的罚球手，发现在成功投篮前，专业的罚球手会先盯着篮筐近一秒，而业余选手盯篮筐的时间不足半秒。除此之外，她还观察了网球、棒球、足球队员，都有类似发现：最精英的运动员往往眼动更少，并且在采取行动之前，会花更多时间盯着目标。

在比赛时，大脑需要快速地分析收到的信息，快速做出反应，并调动全身的肌肉。如果收到的信息都不够精准，或收到过多无用的信息，效率就会降低。所以，通过这个神经科学实验我们能够获得一条建议：在做运动训练时，记住训练自己控制好视觉注意力，让这种控制变成自动的，你将会受益匪浅。

当然，我们大多数人没有机会接触顶级的运动员，我们也不需要成为专业人员。有时候我们只是想临时抱佛脚，在最短时间内，利用有限的时间和精力去提高比赛成绩。那么，还有一个小技巧值得参考。

很多运动员，譬如英国著名足球运动员韦恩·鲁尼（Wayne Rooney）和加拿大冰球运动员迈克尔·卡莫利尔（Michael Cammalleri）都总结过，在比赛前，他们都会一个人抓紧时间在大脑里想象一会儿比赛中的所有细节，而且越生动越好。鲁尼就曾经在采访中说过，他对比赛的准备之一就是，去问经纪人下次比赛他们会穿什么颜色的衣服，他还会在比赛前一天晚上，躺在床上将整个比赛假想一遍，就像是在开始比赛前先记住一个版本一样。在 1980 年冬奥会上，苏联居然还用自己国家的运动员做了类似的实验，大致将自己的运动员分成几组，都用了相同的训练时间，但想象训练和体能训练所占比例各有不同，结果发现想象训练是有效果的。

● 像科学家一样实践

　　下次比赛或参与体育活动前，试着在脑海里细细地预演一遍。多尝试几次，问问队友或观众自己是否有变化。

　　这一点从神经科学的角度来看也是有道理的，自己没有动手做，只是看别人做或自己想象，这两种情况下的大脑活动和自己亲手做的大脑活动是相似的。但它到底有多有效，这很难量化，且极具争议性。无论是在运动界还是在神经科学领域，这些理论和经验并不是对每个人都有效，这就是个很大的问题。要知道，神经科学不是魔法，但如果想让现有的训练更加精准有效，就必须经过现在这样的摸索。

■ 大脑速记

- “一万小时定律”并不准确，只是一个误读。
- 顶级球员在比赛时眼球的运动少于常人。
- 想象训练和体能训练都有一定效果。

看英语电影时该不该看字幕？

阅读能力

在看英文电影的时候，把字幕打开，会帮你提高阅读能力。

即使视频里的语音是中文，看中文字幕也会提高你的中文阅读能力。如果听的是英文，看英文字幕便会提高英文阅读能力。这一方法的有效性已经被心理学、语言学和教育学的研究人员证明[1]。很多国家还有专门推动"让电视节目添上同语言的字幕"的公益组织，叫作"Same Language Subtitling (SLS)"，而其中做得最好的是印度。SLS 直接影响了当地的教育政策，至今还有印度电视台按此方式提供字幕，用低廉的成本提高国民阅读能力。

为什么字幕能帮助提高阅读能力呢？因为当屏幕上出现和声音相符的

---

[1] 其中最有名的是比利时心理学家格里·范·乌特维·德沃尔（Géry van Outryve D'Ydewalle）教授的系列研究，在过去的 30 年里，他针对这个问题发了上百篇论文。

字幕时，人就会自动去看字幕。这一下意识的反射行为不仅在成年人中存在，儿童也是如此。2018 年 SLS 在印度做的一项眼动研究（eye-tracking study）就发现了这一点。研究人员从拉贾斯坦邦 [1] 的农村地区找了近 300 名小学生，这个地区的家庭普遍非常贫困，学生的阅读能力也比较差，这一点通过测量他们的阅读能力就能被大致确定。但无论是阅读能力高还是低，只要给他们看带字幕的视频，94% 的学生会一直盯着字幕看，而且视频内容越简单，语速越慢，观看者越愿意看字幕。

看视频的人不仅自动去看字幕，而且还很难故意地无视字幕。不断和字幕同时出现的声音会进一步加强人对视觉信息（字幕）的注意。但"人下意识会更想看字幕"还是不能证明"常看字幕会提高阅读能力"，有没有更直接的证据呢？

有。2009 年，新西兰的研究人员找了一批 5～13 岁的儿童，给他们看一些有字幕的电影。两个月后，这些孩子的阅读能力普遍有所进步，而且阅读水平较低的儿童获得的益处更大。类似的实验还在印度做过，在 5 年里，通过每周播放一小时的国家电视台印度语歌舞表演，使 70% 的看字幕的观众的印度语阅读能力达到了一个较高的水平。相比之下，看同一节目，但不看字幕的同龄人只有 34% 能达到这个水平。成年人也能够从每周看字幕中得到好处，但远不及儿童。

---

[1]　拉贾斯坦邦（Rajasthan）是印度北部的一个邦（"邦"在这里就是"省"的意思）。在这里，民众的识字率比较低，2011 年只有 67%。

那为什么多看字幕就能够提高阅读水平呢？这就和大脑如何学习新技能有关了。

当我们有所感、有所体验时，大脑里的神经细胞也被短暂地激活。而重复地激活这些神经细胞，会给大脑带来物理性变化。通过重复训练，这种"偶尔发生"的神经活动慢慢变成"固定"的存在。学习的本质其实就是如此。在神经科学里，我们将这种现象称为"神经可塑性"，指重复性的经验可以改变大脑的结构。所谓"改变大脑的结构"，并不是说神经细胞变多或变少，而是指神经细胞之间的突触接连不停地因为我们的体验而发生变化。

神经可塑性随时随地都在发生，但大脑改变的程度取决于体验的强度。有些体验令人印象越深刻，它给大脑带来的改变就越大，记忆也越深刻。有些体验很弱，但如果不断重复，也能增强它所带来的改变。总之，耕耘越多，收获越多。

神经可塑性还遵守"用进废退"原则。这是什么意思呢？经常被使用的突触会更为发达，而不常被使用的突触则会被削弱，甚至逐渐消失。如果你学习乐器就会有类似的体验：一天不练，手感就会变差。我小的时候练了很多年钢琴，后

眼动研究
eye-tracking
study

用高速照相机记录眼球的运动，用于观察视线的轨迹。

来因为学业压力放弃了。一旦停止，就很难保持原来的水平。现在想来，我非常后悔，即使每天只练习十几分钟，当时也应该坚持下去。语言也是一样的道理。

■ **大脑速记**

- 看英语电影配上字幕，英语阅读能力轻松提高。
- 重复性的经验可以改变大脑的结构。
- 经常被使用的神经突触更发达，不常被使用的则会逐渐消失。

为什么有些人运气更好？

成功与运气

仅仅依靠感觉我们就知道，运气应该是个概率很小、随机性很强，且不能被人为操控的东西。但为什么有些人似乎运气特别好呢？

我似乎就不是个运气好的人，导致我习惯性地谨慎小心，十拿九稳都不够，只有拿出远远超过 100% 的实力，才能达到目标。不知你有没有和我一样，有时也情不自禁地反思，会不会运气并不是个单纯的概率问题，也和我自己本身有关呢。

英国科普作家理查德·怀斯曼（Richard Wiseman）曾写过很多心理学科普畅销书，其中有一本叫《正能量 2：幸运的方法》（*The Luck Factor*），是专门讲运气的[1]。其实我并不是特别推荐这本书，但作者在这

---

[1] Wiseman, R (2004) The Luck Factor: The Scientific Study of the Lucky Mind (New Ed edition). Arrow.

本书里提到的一个实验挺有意思的。但要先说明一点，这个实验并没有发表在任何学术期刊上，所以我们不能完全相信它的结论，需要保持谨慎。

怀斯曼先让参与实验的人评估一下自己的运气，判断自己是不是一个运气好的人。然后，他给每个人一份报纸，让被试数这份报纸里有多少张图片。其实，在报纸页面中间，写了一句话"别数了——这张报纸里有 43 张照片"。如果你真的"运气好"，你根本不用努力去数，就能得到答案。

虽然这句话同样就在眼前，但那些觉得自己运气好的人，确实更容易看到这句话，而觉得自己运气不怎么样的人，确实更少发现这个关键所在，都在乖乖努力数图片。似乎运气真的存在，而且认为自己运气好的人，运气确实更好。

那到底是什么带来了好运呢？怀斯曼认为，运气不好的人可能比认为自己运气好的人更紧张，这使得他们在观察事物的时候，特别全神贯注，专注寻找自己在意的东西，而对其他事物不那么敏感。结果，这些人就会因为太专注于原本的目标而错过机遇。而那些运气不错的人，精神状态往往更放松，也更容易留意到眼前的机会。所谓的"傻人有傻福"，也有点儿道理。

我在英国伦敦大学学院的前同事斯蒂芬·马克里（Stephann Makri）也曾经研究过运气，不过他的关注点与人际交往有关。他先做了个网站，号召大家都去提交自己因为机缘巧合而改变人生的故事，然后看这些故事有没有什么规律。

提交的故事有两个主要类别：（1）遇到陌生人或好多年没见的老朋友，结果这个老朋友正好可以帮助其完成梦想；（2）犯了个错，譬如赶错火车，却遇到了真命天子。

这些故事有两个基本规律：（1）这些运气好的人似乎都比较开朗，他们碰到老友时会识别出来，然后上去打招呼，即使有些赶时间，也不会假装没有看见。（2）无论当时谈话有没有什么特别的收获，之后他们都会主动地跟进（follow up）。虽然这两个规律很容易被理解，也属于常识，但反思自己，我平时很少这样做。即使遇到熟人，我也不习惯主动打招呼，宁可事后发信息说"刚刚你是不是在哪儿哪儿，我看到你了"。聊过之后，我也难得主动再去保持联系。这样，就算是有机会，我也不会注意到。

很多研究管理学和商学的人也对运气很感兴趣。比如《欧洲管理学杂志》（*European Management Journal*）就曾经发表过一篇论文[1]，那篇论文的作者大多都是商学院的教授，他们仔细观察了运气好的人的性格特征，发现机缘巧合往往发生在有所准备、好奇心重及思维开阔的人身上。当然上面说的这三个研究都没有办法完全解释次次都走运的"锦鲤"现象，但至少能为"为什么有些人似乎就是更走运"这一现象提供些许解释。

---

[1] Cunha MP e, Clegg SR, Mendonça S (2010) On serendipity and organizing. European Management Journal 28(5):319–330.

● 像科学家一样实践

　　下次觉得自己遇到好运的时候，在日历上简单做个标记，并记下发生好运前你在做什么。坚持记录下去，看看自己的好运是否有什么规律。

■ 大脑速记

- 认为自己运气不好的人，精神状态绷紧，容易错过运气。
- 有准备、好奇心重及思维开阔的人容易获得好运气。

Oh My Brain

- 生物钟
  - 昼夜节律 (生物钟)：生物体内持续的以 24 小时为周期的生理变动
  - 生物钟延迟：在进入青少年时期，生物钟会逐渐推迟，变成晚睡晚起。延迟长度在 20 岁达到顶峰，之后会慢慢恢复正常，在 55 岁时自动变得早睡早起
  - 生物钟是内源性的（在身体内自动出现）
  - 生物钟会受到授时因子（zeitgebe）的影响，如太阳光、温度、运动、饮食规律
  - 对于青少年来说，早上 10 点才是开始上课的最佳时间

- 一个 1.5 小时的睡眠循环
  - 慢波睡眠：脑电波为 1~4 赫兹，在这个阶段醒来，会精神不济
  - 快速眼动睡眠：脑电波和醒着时类似，活跃且不规则、做梦

- 睡眠巩固新记忆

睡眠

我们的认知

- 智力是由 8 个方面共同组成的：推理、理解、计划、解决问题、抽象思维、表达想法、语言能力和从经验中快速学习的能力

- 智商成绩
  - 即一般智力因素
  - 智商测验会先将各个方面拆开来单独分析，然后再放在一起构成一个人的智商成绩
  - 这个成绩有一定的参考价值，但不绝对，而且需要正规全面的测试才准确
  - 虽然智力是分领域的，但聪明的人在不同的领域都有同样好的表现

- 智力是不是天生的
  - 部分来自遗传
  - 后天的养育对智力的影响大于基因
  - 弗林效应：在测试题没有变化的情况下，人类的平均智商在显著提高

智力

Cognition

注意力

- 一些研究发现，玩动作类游戏的人视力比不玩游戏的人更好，对比敏感度更高
- 动作类游戏的玩家比非玩家的视觉注意力更好，可以同时追踪更多视觉物体
- 负责注意力的 3 个脑区：顶叶、额叶和前扣带回

学习

- 做任何事都没有捷径，只有不断努力才能够精进
- "一万小时定律"是一个误读
  - 它把训练的质量模糊化
  - 它让人误以为只要花够一万小时，就能掌握任何技术
- 找到入门和精通之间的决定性差别
  - 专业运动员在比赛中眼球的运动比非专业的更少
  - 在比赛前，在大脑中仔细演练一会儿比赛中的所有细节，越生动越好
- 关于听
  - 无论是有没有歌词的音乐，听音乐会影响人的创造力，建议不要在写作业、学习的时候听音乐
  - 两种干扰学习的"声音"
    - 耳虫：不自觉地在脑海中循环听到一段音乐旋律
    - 耳鸣：听到尖锐的噪声
- 关于看
  - 看英文字幕能提高英语阅读能力，中文也一样
  - 成年人也能从看字幕中得到好处，但远不及儿童

运气

- 运气好的人的特征
  - 精神比较放松
  - 性格开朗
  - 好奇心重
  - 思维开阔

每一种糟糕的行为背后，

都可能存在着异常的脑活动。

大脑也会生病，请务必照看好它。

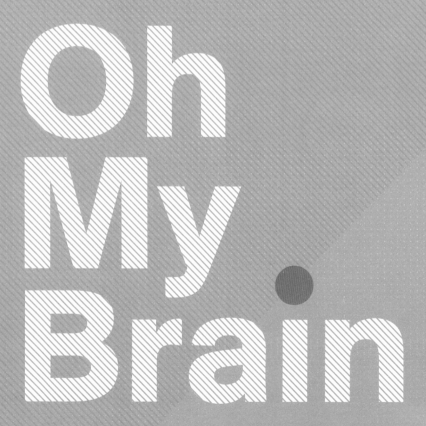

Oh
My
Brain

健康篇

为什么有人不能理解别人在想什么？

孤独症

疾病名称	孤独症（autism）
医学专科	精神病学（psychiatry）
常见开始时间	2 ~ 3 岁（开始时间肯定更早，只是到这个年龄才容易被发现）
病因	基因和环境因素
疾病是否需要长期治疗	是
患者数量	发病率为 1.5%（据 2017 年发达国家数据）

在前面四篇，我们已经从各个角度探讨了健康的大脑是如何运作的。不知你在阅读时，是否思考过这样的问题：大脑如此复杂，即使是最简单的认知过程，那也是一环扣一环，非常精细，如果有一环稍微有些偏离，那会怎么样呢？

在写本书的大纲的时候，我想了很久本篇该收录哪些和大脑有关的疾病，又应该怎么排序。而当我终于写到这篇的时候，我非常肯定，第一节一定要从孤独症开始。这不仅仅是因为孤独症的英文"autism"的开头字母是 a，更因为它是一种因为大脑发育出现问题而导致的疾病。

每一个孤独症患者的症状都有些许不同，但都有不同程度的社交障碍。患有孤独症的小孩往往很晚才学会说话，即使会说话也很难与人进行互动。什么叫"很难与人互动"呢？正常情况下，即使年龄很小，还不会说话，孩子也会做出各种各样与人互动的反应：比如有声音的时候往声音的来源处望去；看到他人的手指指向自己，会伸手去抓手指；在一些情况下会对他人做出微笑或其他表情。而患有孤独症的孩子不会有这些正常的反应，相反还会避开目光接触，也不能通过手势和其他人进行互动。

许多孤独症患者更喜欢一个人待着，即使别人抱着他，他也不理会，如果周围有人对他发怒，他也不会有什么反应。如果放任不管，他们长大后也不会有与人交流的能力，甚至没有自理能力。严重的孤独症还会使人的智力发育放缓甚至停止，并且让人变得异常自我封闭。这也让孤独症在国内有一个别名"自闭症"。

孤独症患者还有一个很有名的特征，就是不喜欢有变化。无论是周围环境，还是自己的行为，如拍手、摇晃脑袋或身体其他部位、把所有的东西都排成整齐的一排，他们都不想改变，非常刻板和守旧。如果你喜欢看电影，可能看过一些有名的与孤独症相关的电影，比如《雨人》（*Rain man*）和描述美国动物科学家天宝·葛兰汀（Temple Grandin）的自传式电影《自闭历程》（*Temple Grandin*）。在这些电影中，孤独症患者被刻画成沉默的天才，他们虽然古怪但拥有超人的能力，比如记忆能力、计算能力、绘画能力等。但这些其实是阿斯伯格综合征（asperger syndrome），虽然和孤独症非常相关，但绝大多数的孤独症患者都不是这样的。

也有很多人把孤独症患者形容为"星星的孩子"，认为这些孩子像星星一样生活在自己的世界里，所以起了一个这么有诗意的名字。但其实不应该提倡这种将孤独症浪漫化的行为，因为这很容易让人产生误解，忽视这种疾病的严重性。

那大脑到底是怎么了，才会出现孤独症？当下科学界对孤独症的主流看法是，孤独症患者缺乏同理心，即理解他人的能力，或者从别人角度来看待问题的能力。而让他们失去同理心的原因是大脑里与社交有关的区域出现了问题。这个说法是由来自剑桥大学的西蒙·巴伦-科恩、英国伦敦大学学院的尤塔·佛里思（Uta Frith）和美国罗格斯大学的艾伦·莱斯利（Alan Leslie）在 1985 年提出的 ❶。他们做了一个很简单的实验，给四五岁的孤独症患者和同龄的小孩看动画片。动画片里有两个小孩，一个叫萨莉（Sally），一个叫小安（Anne）。萨莉把她的球放进一个篮子里，便离开了。然后小安打开篮子，把球拿出来放进了旁边一个盒子里，然后也走开了。

这时萨莉回来找球，她会先去哪里找球呢？如果你问普通的四五岁大

❶ Baron-Cohen S, Leslie AM, Frith U (1985) Does the autistic child have a "theory of mind"? Cognition 21(i):37–46.

的孩子，他们会回答说萨莉会去篮子里找，因为萨莉并不知道小安把她的球换了位置。而如果你问四五岁大的孤独症儿童，他们会说萨莉会去盒子里找球。这说明孤独症儿童在四五岁的时候，还不能从萨莉的角度来思考，他们甚至不能玩过家家这样的游戏，因为他们不能理解角色扮演。

这个测试叫作萨莉与小安测试（Sally-Anne test），一般小孩到四五岁就能够通过这项测试 ❶，而患有孤独症的孩子要更晚才能通过测试，甚至一直都不能通过。

那又是什么导致了处理同理心的这部分脑区出现问题呢？现在看来主要和基因有关。但到底是什么导致了这些相关基因的变化，现在并不清楚。有一些孤独症患者的家人坚持认为，是因为孩子接种了某些疫苗才导致了孤独症。这个说法来自一篇不准确的论文，其实两者的关系从未被证实过，但这个说法导致很多家长都不愿意给孩子打疫苗，反而导致很多孩子患上甚至死于其他本可以避免的疾病。

■ **大脑速记**

- 孤独症儿童有不同程度的社交障碍，并且不喜欢变化。
- 并非所有孤独症都是天才。
- 孤独症儿童缺少同理心。

---

❶ Wellman HM, Cross D, Watson J (2001) Meta-analysis of theory-of-mind development: the truth about false belief. Child Dev 72(3):655–684.

为什么有人一直没法集中注意力？

注意缺陷多动障碍

疾病名称	注意缺陷多动障碍（attention deficit hyperactivity disorder，缩写为 ADHD）
医学专科	精神病学和儿科（pediatrics）
常见开始时间	12 岁以前
病因	基因、怀孕期间吸烟、儿童时期接触到有毒物质等
疾病是否需要长期治疗	是
患者数量	2015 年全球约有 5 110 万人 [1]

---

[1] GBD 2015 Disease and Injury Incidence and Prevalence Collaborators (2016) Global, regional, and national incidence, prevalence, and years lived with disability for 310 diseases and injuries, 1990–2015: a systematic analysis for the Global Burden of Disease Study 2015. Lancet 388(10053):1545–1602.

你有没有觉得特别难集中注意力？即使你知道你不应该动，但有时候你还是特别想动来动去？你有没有发现自己经常打扰到别人？或者常常做出冲动的事情，完全忘记考虑后果？或者觉得自己特别难以控制自己的情绪？如果这几个特点你都有，而且在 12 岁以前就开始有了，并严重到影响到你的生活和学习，那要注意了，这有可能是注意缺陷多动障碍，俗称多动症。但注意前一句话中，我说的是"有可能是"，因为有这些症状也不一定是注意缺陷多动障碍，因为其他疾病如抑郁症（depression，第45 节会讲）和焦虑症（anxiety）也会有这些症状。

如果你觉得你有可能有多动症，或是身边有人可能有多动症，应该和你的家人沟通，尽快去医院找精神病学或儿科医生做诊断。现在有一些治疗方式来帮助减缓症状，但治疗方法因人而异，因年龄而异。

很多人将这种疾病单纯地看作一种儿童疾病，其实这是不对的。它的症状确实从童年开始，往往在 6 ~ 12 岁变得很明显，而且一般到了青少年阶段，症状会变得不那么明显。但如果完全忽视它，它会延长到青少年，甚至成年之后，而且会长期影响人的学习成绩和生活质量。

有人曾将多动症和较低的智商做关联，因为有些多动症患者在智商测试中得分较低。但是这一观点的争议很大，因为智商测试并不是单纯地展示一个人的智力水平，测试本身往往需要参与者能够较长时间的集中注意力，而这恰恰是多动症患者做不到的。如果多动症患者能够维持注意力，他们在智商测试中的表现不一定比其他人差。

那它的病因是什么呢？现在还没有一个完整的答案。

现在人们普遍认为，与前面咱们说的孤独症类似，它也和基因及其他的环境因素有关，但基因可能是主要因素。对多动症的基因研究起初来自对双胞胎的观察。如果一个小孩患有多动症，他的兄弟姐妹可能得多动症的概率比常人高，有研究显示比常人高 3 ~ 4 倍。

从神经科学上来看，多动症患者的大脑中多巴胺的工作强度较弱。当我们仔细检查多动症患者的基因时，就会发现某些与多巴胺相关的基因出现了异常，使得大脑似乎对多巴胺（回看第 20 节）没有那么敏感。大脑对多巴胺不敏感，导致大脑习惯性地生产更多的多巴胺，换言之，多巴胺的工作效率变低了。除了多巴胺，在多动症患者的大脑里，去甲肾上腺素（回看第 24 节）也出现了一些问题。当下针对多动症的药物治疗往往都与提高多巴胺和去甲肾上腺素的工作效率有关。

除此以外，如果用脑成像技术，比如核磁共振成像（回看第 28 节）来观察多动症患者的大脑，会发现其大脑某些区域的体积比常人小。最明显的就是左侧前额叶皮层，差不多就是从左眼眉毛上方到天灵盖这块区域。这个区域被认为和自控（自我控制）关系很大，这也解释了为什么多动症患者的一些症状，比如即使知道自己不该动来动去也忍不住，或无法集中注意力。

多动症的治疗方式非常多，从行为疗法到药物疗法都有，具体治疗方式要根据症状严重程度和患者的年龄而定。除了针对性治疗，医生也会建议患者参与更多的日常运动。特别是在控制方面（包括控制注意力和抑制自己不要动来动去）及记忆力等方面，运动训练对多动症患者的帮助非常明显[1]。不过，最为重要的，还是患者的家人、身边朋友及学校的理解与配合。

> ■ **大脑速记**
>
> - 多动症于 6 ~ 12 岁高发，不能忽视。
> - 多动症患者的某些大脑区域比常人小。
> - 多动症需要进行针对性治疗。

[1] Den Heijer AE, Groen Y, Tucha L, Fuermaier ABM, Koerts J, Lange KW, Thome J, Tucha O (2017) Sweat it out? The effects of physical exercise on cognition and behavior in children and adults with ADHD: a systematic literature review. J Neural Transm 124(Suppl 1):3–26.

为什么有人阅读非常吃力？

阅读障碍

疾病名称	阅读障碍（读写困难或失读症，dyslexia）
医学专科	神经内科（neurology）和儿科
常见开始时间	开始识字的年龄，国内 6 岁左右
病因	基因和环境因素
疾病是否需要长期治疗	是，需要调整教育方式
患者数量	7 亿人 [1]，在英国的发病率约为 10% [2]

---

[1] 数据来源于 Dyslexia International。
[2] 英国的数据来源于英国国民保健署（National Health Service，简称 NHS）官网。

阅读障碍是一种和智力无关但让人在阅读和写作上有困难的疾病。达·芬奇、毕加索、美国总统肯尼迪、苹果创始人乔布斯都有不同程度的阅读障碍。

阅读障碍的严重程度因人而异，如果一个人有下面这些症状，那他就可能有阅读障碍：阅读和写作非常缓慢；常常搞错字在词语中的顺序，这一点在英语中特别明显，患者会总是搞错单词的拼写；甚至会把有些字母反着写，比如把 b 写成 d；如果是中文，患者能够认识字的每一个偏旁部首，但是难以把它们组合起来，使得识字非常困难；看中文时经常搞不清楚自己看到了哪一行，容易跳读和重复阅读。但无论是英文还是中文学习者，他们都有一个共同点：如果内容是由人口述的，就不会有任何问题；如果是看纸质内容，就会相当困难。除了阅读和写作，他们甚至可能在事务的计划和安排上也会产生混淆。

如果用核磁共振成像（回看第 28 节）观察正在读书的阅读障碍患者的大脑，相较于常人，他们左侧大脑的一些与阅读相关的区域的神经活动较少。要特别注意的是，这种疾病和视力没有关系，患有此病的人的视力往往都是正常的，只是看到"字"的时候，就看不清，无论拿近一点还是远一点，都是看不清的。那什么叫"看不清"呢？没有阅读障碍的人会很难想象"每个偏旁部首都认识，但无法将其组合起来"这个现象。有些人会说表现为文字变得更加模糊或者扭曲，但这个描述并不准确。不是看不清楚、看不到，而是大脑不能"解析"这些"图像"，进而导致了其阅读困难。那"大脑不能解析文字"时，文字看起来是怎样的呢？有患者描述，明明是静止的字，但看起来扭来扭去就像在跳舞，改变了顺序。

　　相对于本篇介绍的其他疾病，阅读障碍已经算相当"无害"了，只要确诊，就可以用各种各样的教育方式来帮助患者阅读。这种疾病在英国相当常见，有 10% 的发病率。你可能会觉得，明明发病率这么高，为什么没听说周围有人有这样的病呢？一方面可能是因为英语世界对阅读障碍的研究较多，但有关中文的阅读困难症研究较少，在很长一段时间里，很多人认为汉字这种语言是不会出现阅读困难的，导致这种病在国内长期受到忽视。另一方面，有可能与英国教育和医疗系统相关，他们对此报道得更多，有更多家长和老师知道这种疾病的存在。换言之，可能你身边有人，甚至你自己，有阅读障碍，但你根本就不知道。

　　如果从未听说过这种病，很多家长和老师就会将小孩表达不清、识字很慢或很糟的成绩单与"学习态度差""愚笨"联系起来。但其实患有阅读障碍的人对知识的渴望是和常人一样的，很多时候只是会影响阅读速度而已。如果家长和老师都不注意引导，反而因此给孩子施压，久而久之孩子会对上学有抵触心理，甚至丧失信心，进一步影响学业和生活。

　　虽然患有阅读障碍的人在阅读和写作上会有一定的困难，这在开始识字的时候会特别明显，但这些人往往在其他方面非常优秀，包括创造性思维和问题解决能力。本节开始的时候，我也提到了有很多成功人士患有阅读障碍，但我们不能只关注这些成功的人，也不能只关心那种"伪鸡汤"科学家小故事（比如总有人说物理学家爱因斯坦小时候是笨小孩，成绩不好，其实那是谣言）。无论是轻微还是严重，这些患有阅读障碍的人最后能成功必然要比常人付出更多的努力和心血。

■ **大脑速记**

- 有阅读障碍的人每一个偏旁部首都认识，但无法将其组合起来。
- 达·芬奇、毕加索、肯尼迪、乔布斯……很多名人有不同程度的阅读障碍。

为什么有人怎么也开心不起来？

抑郁症

疾病名称	抑郁症（depression）
医学专科	精神病学
常见开始时间	20 ~ 40 岁
病因	基因、环境和心理因素
疾病是否需要长期治疗	是
患者数量	2017 年全球约有 3 亿患者 [1]

[1] James SL et al (2018) Global, regional, and national incidence, prevalence, and years lived with disability for 354 diseases and injuries for 195 countries and territories, 1990–2017: a systematic analysis for the Global Burden of Disease Study 2017. Lancet 392(10159):1789–1858.

抑郁是一种负面情绪。处于这种情绪状态下，人会感到失落、沮丧、空虚、绝望、烦躁、不安等，与此同时，还会对原本感兴趣的事物都丧失兴趣，总觉得做任何事提不起劲儿。生活非常复杂，日子也很长，我们都可能会遇到情绪低落的时候。抑郁是一种心情，但抑郁症就不是一种心情那样简单了。如果一个人连续两周以上都陷于严重的抑郁心情，而且在食欲、自信心、注意力、记忆力、睡眠等方面都出现了明显的变化和下降，无论做什么都提不起劲儿，对一切都不感兴趣，这就不是偶尔的心情波动，而有可能是一种临床疾病——抑郁症。

许多描述抑郁症的教材常会使用凡·高的油画《悲痛的老人》，画中老人正坐在木椅上掩面痛哭。虽然这幅画里的人并不是凡·高本人，但作为它的创作者，凡·高大概是最有名的重度抑郁症患者之一（也有说法为凡·高得的是精神分裂症，这种病我们在后面也会提到）。这样一个天才画家最后因精神问题自杀身亡，令人唏嘘。但要注意的是，这幅画展示的其实更多的是"悲痛"的心情，而不是抑郁。患有抑郁症的人，并不是都像这样双手掩面、泪流满面的。

抑郁症本身非常荒谬。没有抑郁症的人，难以理解抑郁症到底是什么，因为每个人都体验过"心情不好"，所以自然而然认为抑郁症只是长时间心情不好而已。美国作家安德鲁·所罗门（Andrew Solomon）2013 年曾在纽约做过一场主题为"抑郁症，我们各自隐藏的秘密"的 TEDx 演讲。他在这场演讲中分享了他得抑郁症的过程和感受，很多人（包括我）认为他对抑郁症的总结非常精准。他说："抑郁的反面并不是快乐，而是活力。而正是这样的活力，似乎在某段时间里从我的身体中慢慢消失了，所有需要完成的事情都让我感觉那么麻烦。……你知道这根本不是什么大不了的事情，然而你已经被抑郁掌控，并且无法找到任何解决方式。于是我开始感到自己事情做得越来越少，思考得越来越少，感知得越来越少，就好像整个人已经没什么价值了。"

对抑郁症的神经科学研究真的可以算是浩如烟海，然而，即使我们已经做了这么多努力，它还是一个难题。不知你还记不记得在情感篇中，我曾经提到过一种神经递质，名叫血清素（有时也会被翻译为五羟色胺）（回看第 26 节）。血清素被认为是调节心情的关键。虽然它本身不生产快乐感，但它控制了能不能感受到快乐的那个阀门。研究发现，抑郁症患者的大脑中血清素含量偏低，很多抑郁的症状也确实和这一点相关。

所以市面上最常见的抗抑郁药，大多都是作用于血清素的，目标都是维持和提高大脑中的血清素含量。达到这个目标的方法有很多，所以市面上才会有这么多不同种类的抗抑郁药物。有些药物能够阻止血清素的分解，这样即使大脑的血清素产量不变，但血清素的分解过程变慢了，就能让血清素在大脑里待得更久一些，从而提高血清素的浓度。还有一种方式，是直接作用于负责回收血清素的神经细胞上，让这些细胞停止它们本该完成的回收工作，让血清素在神经细胞之间待久一些，强迫它"加班"。现在应用最广泛的抗抑郁症药物阿米替林（Amitriptyline），就运用这种原理，它除了用于治疗重度抑郁症，对上一节讲过的注意缺陷多动障碍也有一定的治疗作用。

虽然现在有各种各样的抗抑郁药，但药效因人而异，不仅价格昂贵，而且副作用很大。就拿上面提到的阿米替林来说，它最常见的副作用就是会使嘴巴很干、视力出现问题、血压降低、总想睡觉，还会便秘。更严重的情况则是引起心脏问题，如果服药者年龄小于 25 岁，这种药甚至会增加服药者自杀的风险。每次想到这里，我都觉得非常沮丧。这么大的一个问题，这么多人深受其苦，神经科学界也已经花了几十年来研究这个疾病、开发药物，到现在治疗还是这么难、这么贵。可能真的要到更年轻的一代成为科学研究主力的时候，我们才能在抑郁症的研究和治疗上更进一步。

我在准备写这书的时候，就下定决心一定要说说抑郁症。在与大脑相关的疾病中，抑郁症绝对不算最复杂、最难攻克的，甚至可以说在本篇中，它相对来说算是"简单一点"的疾病。但我个人认为它是最令人心生遗憾的一种病，它所影响的人群之广超出你的想象。它对人的影响那么严重，许许多多的人却选择在沉默中忍受抑郁带来的痛苦，甚至最后选择结束自己的生命。

在国内，可能是文化原因，也有可能是科教不足，无论年轻人还是中老年人，即使患了抑郁症，也不敢告诉身边的人，因为很多人会误以为得抑郁症是软弱的一种表现；或者知道即使说了，对方可能会不以为然地说："这不是什么大病，你只是想多了。"

在英语中，我们常用"黑狗"来形容抑郁症。这来源于英国首相丘吉尔的一句名言："抑郁就像一只黑狗，一有机会就咬住我不放。"这个形容特别巧妙，抑郁症来得无声无息、突如其来，来了之后又会如影随形，就像一只紧紧跟着抑郁症患者的黑狗一样，生活在患者的影子里，患者也要学会与它一起生活。

　　我真心希望你永远不会遇见这只黑狗。但如果不幸遇见了它，你一定不要害怕，也请一定不要忽视它，更不要沉默地忍受它，去寻求一切可能的帮助，相信你会战胜它。

■ **大脑速记**

- 抑郁的反面不是快乐，而是活力。
- 患抑郁症不是软弱。
- 抑郁症患者不要忽视或沉默，要寻求帮助。

为什么有人怎么也戒不掉？

成瘾

疾病名称	成瘾（addition）
医学专科	精神病学
常见开始时间	不定，但青少年时期特别容易成瘾
病因	环境和年龄因素
疾病是否需要长期治疗	视成瘾原因而定，比如毒瘾（药物成瘾）就需要接受专门的戒毒治疗，时间长度因人而异，且有可能复发
患者数量	总量较难估算，就药物成瘾而言，全球成瘾人数为3500 万，但只有 1/7 的人获得治疗 ❶

❶ 数据来自联合国 2019 年的《世界毒品报告》（*World Drug Report 2019*）。

基本上每一本讲大脑的书，或多或少都会讲到"瘾"。这里说的瘾并不一定是一种临床上需要治疗的疾病，但它多半会给生活和学习带来负面影响。

咱们先来看看"瘾"到底是什么。我们应该都能大致说出那种感觉，就是知道这件事儿不好，但不做它，就会一直浑身难受，只要做了它，就会特别舒坦。从学术的角度给它下个定义，瘾是一种重复性的强迫行为，即使明知这个行为会有不好的影响，也难以停止。上了瘾的人会产生一种依赖，而被依赖的这种东西各种各样，可以是物质性的——物质成瘾（substance addiction），如烟、酒、药物，也有可能是非物质性的——行为成瘾（behavior addiction），如性、网络、游戏、赌博、整容，甚至对工作、饮食、购物等都可能形成上瘾行为。

这种行为可能是因为大脑的某些功能出现问题而产生的，但不断地重复这种行为也会反过来造成大脑的功能受损，进而形成一个恶性循环。这个被损坏的大脑功能是我们在情感篇讲多巴胺的时候提到过的奖励系统（回看第 20 节）。

我们先来看看物质成瘾是如何形成的。

在"大脑决定是否要使用药物"这个过程中，有两个非常重要的大脑区域，一个是前额叶皮层（prefrontal cortex，常被缩写为 PFC），另一个是腹侧纹状体（ventral striatum）。前额叶皮层在"决策"（decision-making）过程中起着重要作用。而腹侧纹状体负责"激励"，当人做出有益的选择的时候，就会释放多巴胺，激励我们，并对行为进行强化。因此，腹侧纹状体又被称为大脑的"激励中心"，是大脑奖励系统的重要组成部分。这两个区域的状态影响着我们的日常行为，而毒品会直接改变大脑中多巴胺的释放方式。

除前面说的多巴胺外，还有一个神经递质在这个过程中起了很大的作用，叫作乙酰胆碱（acetylcholine）。乙酰胆碱的功能相当多且复杂；如果把大脑想成一个国家的话，乙酰胆碱大概就是教育局的工作人员，肩负着让大脑学到新知识、新能力的重任。

那毒品是怎么影响这些大脑区域的呢？这些区域的一些神经细胞在毒品的刺激下，会分泌大量的多巴胺和乙酰胆碱，使人处于高度兴奋的状态，而神经细胞非常容易适应这样的高水平激活状态。当停止摄入毒品后，神经细胞就难以适应新的低水平激活状态，促使大脑自动生成对毒品的渴求，导致物质成瘾。

当然也不只是毒品会让人上瘾，烟草也会。你肯定见过别人抽烟，甚至有可能觉得抽烟的行为看起来很酷，想去试试。其实抽烟挺没意思的。我读高中时就有同学抽烟，他们开始也只是好奇想试试，结果之后根本戒不掉，等到大学阶段就抽得越来越多。

我身边烟瘾大的同龄人，多是在青少年时期开始抽烟的。从神经科学角度来看，青少年时期确实特别容易对事物上瘾。因为在这个时期，大脑的奖励系统已经发育成熟，但是大脑的认知控制中心还在发育，这就导致我们在做决定的时候更容易冲动。而且，青少年不仅更容易受到诱惑想去尝试，也更容易频繁做某种上瘾行为，比如尝试之后觉得不过如此，但看见身边有人在继续，于是从众心理导致自己开始第二次，直到上瘾。更重要的是，一旦你在青少年时期上瘾，就特别难以戒掉，即使戒掉也很容易复发。这也是为什么在青少年时期，家长和学校老师都再三叮嘱不要抽烟喝酒，更不要沾染毒品。

上面说的是物质成瘾，那玩游戏、上网这种行为并没有摄入任何实质性物质，也能成瘾吗？能，这就是行为成瘾。从神经科学角度来说，行为成瘾和物质成瘾有相同的特征。那么，为什么有些人会对游戏上瘾，有些人却不会呢？有研究人员认为，成瘾者和潜在成瘾者因为他们大脑中的奖励系统不高效，不能满足他们，所以才需要更多的外界刺激。相关研究发现，相对于没有上瘾的人，成瘾者的腹侧纹状体的奖励反馈活动相对不怎么活跃。比如，"魔兽世界"玩家的大脑只对大奖励有反馈，无视小奖励；而没上瘾的人对大小奖励都会做出反馈 [1]。另外，奖励机制的缺陷可能不仅是成瘾导致的后果，也有可能是引起或催生成瘾的诱因之一。

我非常喜欢玩游戏，特别是学习、工作压力很大的时候，如果没有机会出去旅行，我认为在家打游戏是一种很方便的休闲方式。很幸运的是，我父母也不阻止我玩游戏，甚至我妈妈会和我一起玩儿。可能是因为这种极为宽松的环境，我反而不对它上瘾。

[1]　Hahn T, Notebaert KH, Dresler T, Kowarsch L, Reif A, Fallgatter AJ (2014) Linking online gaming and addictive behavior: converging evidence for a general reward deficiency in frequent online gamers. Front Behav Neurosci 8:385.

但是对不同的人来说，这种休闲方式有不同的意义。对于那些在现实生活中过得不错的人来说，玩游戏是一种消遣，是某种程度上的治愈，学习或工作累了，打打游戏，放松一下。但是对于在现实生活中过得不如意的人来说，他们在游戏中不仅仅得到了放松，可能还把游戏世界当作逃避现实的欢乐谷，一旦回到现实，游戏世界的愉快与现实生活的不得意反差太大，会让他们更加沉迷游戏世界，降低自控力。这样，游戏不仅没有为其减压，还降低了其抗压能力。

如果我们没有办法很好地处理压力，而是选择将游戏作为逃避的方式，那只会让事情雪上加霜，不但不能够让自己解脱，还会陷入成瘾的泥潭。

***

■ **大脑速记**

- 成瘾者的大脑奖励系统不高效，需要更多外界刺激。
- 玩游戏是为了放松减压，而不能成为逃避现实的方式。
- 青少年时期更容易上瘾，因此要避免尝试易成瘾的事物。

为什么有人身体里住了好几个"我"?

多重人格障碍

疾病名称	多重人格障碍（multiple personality disorder）或分离性身份识别障碍（dissociative identity disorder，缩写为 DID）
医学专科	精神病学和临床心理学（clinical psychology）
常见开始时间	20 ~ 40 岁
病因	童年时期的心理创伤
疾病是否需要长期治疗	是
患者数量	患病率约为 2%[1]

最受电影界欢迎的心理疾病是什么呢？大概是多重人格障碍。有许多

---

[1]　American Psychiatric Association (2013) Diagnostic and statistical manual of mental disorders, 5th ed. Arlington: American Psychiatric Association.

犯罪、惊悚题材的电影、电视剧都提过这种疾病。这种疾病是真实存在的。

这种病在过去被称为多重人格障碍（multiple personality disorder），现在官方名字为分离性身份识别障碍（dissociative identity disorder）。为了便于理解，我沿用多重人格障碍来称呼这种疾病。要特别注意的是，这种疾病经常与精神分裂症混淆，下一节我们会专门讲精神分裂症。

1954年，有人详细地描述了一个多重人格障碍的病例[1]，后来被拍成一部很有名的美国电影，叫作《三面夏娃》（*The Three Faces of Eve*），感兴趣的话可以看看这部电影。简单来讲，多重人格障碍是一种精神疾病。患者像身体里住了多个人格一样，而且每个人格都发展完整，有独立的思考模式和记忆。有时候人格之间不知道彼此的存在，这就会导致部分时间失忆；而有些情况下人格之间相互"认识"，甚至可以交谈，外人看起来就像一个人在自言自语。描述完这种疾病，我们还要了解，其实现在学术界并没有对这种疾病的定义达成共识。

多重人格障碍的症状相当戏剧化，也正是因此而特别适合作为电影题材，而且确诊一个人患这种疾病的过程相当复杂，不少人认为人群患病率可能有 1%~2%。相当多的专家认为，这种疾病的病因来自儿童时期的心理创伤[2]，但现在也有不少人认为问题并非那么简单。虽然现在有不少

[1] Thigpen CH, Cleckley H (1954) A case of multiple personality. The Journal of Abnormal and Social Psychology 49(1):135–151.

[2] Putnam F (1989) Diagnosis and Treatment of Multiple Personality Disorder. Guilford Press.

多重人格障碍的病例，但绝大多数病例都是由个别治疗师报告的。换言之，如果是一个常见的疾病，那 100 个案例可能是由 80 名不同医生在各地发现和报告的。但如果有 100 个案例，却都是由个别一两个医生发现的，那就令人生疑：既然发病率如此高，为什么其他医生从没遇到过呢？会不会有些多重人格障碍的病例不是自然形成的，而是反过来被治疗师的一些特殊的心理治疗引起的呢？这一点我们现在还不清楚。

多重人格障碍大概是本篇中最戏剧性的一种疾病，但从神经科学的角度来看，也是相关研究最少的一种疾病。虽然已经有许多科学家试图用各种各样的脑成像技术，包括之前我们提过的核磁共振成像和脑电图（回看第 28 节），去找多重人格障碍患者和常人大脑的区别，但现在还没有可靠的发现。这导致我们很难判断多重人格障碍的生物基础是什么。

● **像科学家一样实践**

　　本节开头我提到了电影《三面夏娃》，它是有真实原型的。另外一部很有名的悬疑电影《致命 ID》（*Identity*）也挺有意思的，但虚构成分就多多了。电影讲的是在一个雨夜，有 10 个人住进了一家小旅馆。这 10 个人里有驾驶员、妓女、过气明星、一对普通夫妇、警探和警探押送的犯人，以及旅馆老板。这 10 个人在这一夜挨个死去，与此同时他们发现了彼此之间的关系。那真相是什么呢？感兴趣就自己去看看吧！

　　让多重人格障碍这种病更加有名的另一个原因和法律有关。如果一个人有多重人格，其中一个人格独立犯了罪，那其他人格也应该获罪吗？历史上确实有人因为是多重人格而脱罪。用专业一点的话讲，叫作精神障碍辩护（insanity defense），即以有精神障碍为理由进行辩护。我常常听到这一结论，但我很好奇到底有多少人真的在法庭上用患有多重人格障碍为理由进行辩护的，所以我进行了一些调查。我找到了 8 个美国的案例，最早的一个发生在20世纪70年代 ❶，而且当时用多重人格障碍辩护成功了，但因为被告是一个连环强奸犯，通过这种精神障碍辩护脱罪引起了舆论哗然，最后判决又被撤销了。另 7 个试图用多重人格障碍来脱罪的案例也都没有成功。在澳大利亚有两个案例用多重人格障碍辩护，也都没有成功。有意思的是，在英国似乎从来没有人用这种疾病进行辩护，可能是不太好造假？（开玩笑）那为什么用多重人格障碍进行精神障碍辩护极少能够成功呢？原因之一是，人们很难证明当时犯罪的那个人格到底是谁，而

---

❶　*State v Milligan* [1978] 77 CR 11 2908 (Franklin County, Ohio).

且也无从判断其他人格是否真的对此一无所知。另一个原因是，当被告想用多重人格障碍进行辩护的时候，这是他唯一的辩护方式，没有其他选择。当然，需要注意不能让伪科学或伪医学堂而皇之地进入法庭。幸运的是，截至现在，经手的法官都有一定的常识，会保持怀疑的态度去质疑这种辩护的有效性。

■　**大脑速记**

- 关于多重人格障碍的定义，学界尚未达成共识。
- 迄今为止，尚未有人成功以患有多重人格障碍脱罪。

为什么有人不能理解

什么是真实什么是虚幻？

精神分裂症

疾病名称	精神分裂症（schizophrenia）
医学专科	精神病学
常见开始时间	16～30 岁
病因	基因和环境因素，如出生于深冬、早春，在青少年时期吸食大麻
疾病是否需要长期治疗	是，需要服用抗精神病药（antipsychotic）
患者数量	患病率约为 0.3%～0.7%

　　许多媒体会将多重人格障碍和精神分裂症混淆。出现这种混淆大概和精神分裂症这个中文翻译有关。乍听起来，精神分裂好像和人格分裂很类似：原本是一个人却被分裂为了"A"和"B"。但其实这种病分裂的不是

人格，而是现实和妄想。更准确地说，这种病甚至不是分裂，而是将现实和妄想混合了：人分不清什么是真实，什么是虚幻。

不能区分真实和虚幻绝对不是什么美好的事情，人会听到不存在的声音（幻听），看见实际不存在的东西（幻视），对一些不存在的事情产生妄想（比如坚信自己被外星人监视），产生令人无法理解的、极为混乱的思维。近半数患者在得病后会坚信自己没有得病，还是相信所有妄想都是真实存在的。

因为这些像是"多出来的东西"，所以这些症状也被形容为阳性症状。与此同时，患者可能也会变得"少了一些东西"，包括常见的情绪、想说话的冲动、想与人交流的愿望、前进的动力，而且有个很明显的变化就是人会变得完全不讲究卫生，也不在乎自己的身体状况，这些症状又被称为阴性症状。

常见的治疗方式是使用抗精神病药。这种药可以在服用者意识清醒的状态下，帮助其抑制幻觉和控制幻想。好消息是，抗精神病药对抑制阳性症状效果相对较好，一般情况下可以在两周内看到效果。但即使看到效果也需要长期服药，以防复发，而且药物的副作用很大。虽然这些药对阳性症状有效，但对阴性症状没什么用，这使得阴性症状反而更难被改善。

我大学期间学习到这种病的时候，教科书里提及一个很有名的英国画家，路易斯·韦恩（Louis Wain），他以画拟人化的猫而闻名。他在 1886 年前后创作的一系列拟人化小猫的画作被认为是将"撸猫"变成大众爱好的关键。现在看着他的画作可能不觉得有什么稀奇，因为现在漫画、动画盛行，拟人化随处可见，但一百多年前的韦恩真算是拟人化的开山鼻祖了。

他喜欢的女人比他大 10 岁，而且是他妹妹的家庭教师，当时这种恋情是不被祝福的。23 岁的时候，他终于娶到心爱之人埃米莉。但婚后没多久，埃米莉就被诊断出患了癌症，因为她很喜欢猫，韦恩就创造了拟人化的小猫来逗她开心。在他 26 岁的时候，韦恩因为这些拟人化的小猫获得了巨大的成功，但没过几个月埃米莉就去世了。韦恩终身未再娶，只与许多猫为伴。后来他被认为得了精神分裂症，家人把他送进医院，他就在医院里每天画猫，直到去世。他年轻时画的拟人小猫相当可爱、开心、有趣，很受人欢迎，也让他变得很有名。然而越往后，猫的形象变得越来越奇怪，越来越抽象，甚至看起来有些吓人。不过我们不确定这些画作的具体创作时间，很难用这些画作对韦恩的疾病做判断。

因为他被认为有精神分裂症，现在的心理学教材常把这些风格逐渐变得魔幻的画作作为案例。但最近 20 年来，也有不少心理学家认为韦恩当时得的可能不是精神分裂症，因为精神分裂症患者可能没办法画出这么细致复杂的画作。相关的讨论相当激烈，因为精神分裂症误诊并不少见。被误诊后，吃抗精神病药会让人变得如同行尸走肉，而且药物的副作用会让人变得很胖，甚至可能会让人患上糖尿病。

1972 年，戴维·罗森汉（David Rosenhan）曾在顶级学术期刊《科学》上发表过一篇非常有名的研究论文，名叫《精神病房里的正常人》（*On Being Sane in Insane Places*），认为美国确诊的精神分裂症人数大

大超过欧洲，这是因为美国使用的诊断标准不可靠，往往被治疗师的主观判断所左右。这篇论文推动了整个精神分裂症的临床诊断标准的确认和统一，甚至让美国精神医学学会重新审查了当时所有的精神疾病的诊断标准，并在论文发表的 8 年后，也就是 1980 年，发布了全新版本的《精神疾病诊断与统计手册》(*The Diagnostic and Statistical Manual of Mental Disorders*，简称 DSM)[1]。这个手册是世界上最常用于诊断精神疾病的指导手册，可以说是精神病学领域的圣经。

■ 大脑速记

- 精神分裂症不是人格分裂，而是分不清现实和虚幻。
- 幻听、幻视、出现妄想是精神分裂症的常见症状。
- 精神分裂症误诊并不少见。

---

[1] 目前最新的版本是第五版，出版于 2013 年。

为什么有人四肢僵硬
且无法控制地不断颤抖？

帕金森病

疾病名称	帕金森病（parkinson's disease，简称 PD）
医学专科	神经内科
常见开始时间	60 岁左右
病因	未知，但有研究显示大脑外伤和农药可能会增加得病风险
疾病是否需要长期治疗	是
患者数量	2015 年全球患者约有 620 万人 [1]，中国 65 岁以上人群患病率为 1.7% [2]

---

[1] GBD 2015 Disease and Injury Incidence and Prevalence Collaborators (2016) Global, regional, and national incidence, prevalence, and years lived with disability for 310 diseases and injuries, 1990-2015: a systematic analysis for the Global Burden of Disease Study 2015. Lancet 388(10053):1545–1602.

[2] 此数据来自中国疾病预防控制中心。

帕金森病和阿尔茨海默病（详见第 50 节）大概是最有名的两种影响大脑的中老年常见病了。根据中国疾病预防控制中心的数据，国内 65 岁以上的人群患病率为 1.7%，即约每 50 位老年人中可能有 1 位会得帕金森病，这是很高的比例。

帕金森病是一种长期慢性神经退化疾病，主要影响人的运动神经系统，早期有四大症状：不自主地颤抖、身体僵硬、运动缓慢和行走不便。随着疾病进一步恶化，在严重情况下病人会出现痴呆症状。这种病在早期一两年内并不明显，而且和很多其他疾病类似，所以容易误诊。如果你发现家里老人的动作明显变得迟钝，特别是走路的时候明显有拖着脚走的情况，就需要注意，并尽快去医院确诊。

从神经科学的视角来看，帕金森病的这些影响运动的症状应该来源于中脑里一个名叫黑质的区域里的神经细胞的大量死亡。这些死亡的细胞在生前负责生产多巴胺，所以它们的死亡会直接导致大脑里多巴胺的缺失。在情感篇中，我们曾提到过多巴胺的一个主要功能是奖励（回看第 20 节），它会让人愿意为了得到某种成就而努力。除此之外，多巴胺在运动中也有很重要的作用，缺乏多巴胺会出现类似帕金森病这样逐渐变得无法控制身体的症状。

因为帕金森病和运动相关的症状特别明显，很多时候我们都忽视了它给认知带来的变化。其实有 40% 的帕金森患者也会出现淡漠（apathy）

的症状 ❶。淡漠就是人变得对一切奖励都无所谓，无论奖励有多大，都觉得努力没价值。直白点说，就是"懒得去做"。这个症状在抑郁症患者身上也很常见，但它并不是抑郁本身。这个症状也和多巴胺有关，就是我们之前提过的多巴胺的奖励功能（回看第 20 节）。

当下帕金森病尚无法治愈，所有已知的治疗都致力于缓解症状以提高患者的生活质量。既然患者大脑不能产生充足的多巴胺，那么现有的治疗都和提高多巴胺有关，服药剂量需要根据病情发展来定。随着疾病恶化，更多神经细胞死亡，大脑生产的多巴胺更少，就需要相对地增加用药的剂量。这使得很多人在确诊后走向两种极端。有些患者想拖延治疗甚至不接受治疗，因为他们担心如果一确诊就吃药，身体会产生耐药性，等病更加严重后就无药可吃。其实这是一种误解，因为帕金森病的现有治疗方案都是在患病早期和中期比较有效，不存在"早期不吃，后期反而更有效"这一说法。而另一种极端就是过度吃药，注意到自己的症状恶化后，不遵循医嘱自己加大药量，这也是不合适的，因为药量过度会出现一系列副作用。

帕金森患者各不相同，不仅症状会有区别，甚至疾病发展速度也会因人而异。迄今为止，我们还不明白到底是什么导致了帕金森病。但我们确认的是它没有传染性，更不会在家庭里传播。虽然在严重情况下，它对生活影响很大，但在大多数情况下，患者确诊后还有 15 年左右的寿命，很

❶　den Brok MGHE, van Dalen JW, van Gool WA, Moll van Charante EP, de Bie RMA, Richard E (2015) Apathy in Parkinson's disease: A systematic review and meta-analysis. Movement Disorders 30(6):759–769.

多帕金森患者在确诊后多年依然过着非常充实的生活。这需要配合治疗，也需要家人的帮助。

■ **大脑速记**

- 家中的老人如果动作明显迟钝，走路明显拖着脚，应尽快去医院。
- 确诊帕金森病的患者，应遵医嘱服药，不要害怕用药，也不要自行加大药量。
- 帕金森患者依然可以享受高质量生活。

为什么有人把一切都忘记了？

阿尔茨海默病

疾病名称	阿尔茨海默病（alzheimer's disease，简称 AD）
医学专科	神经内科
常见开始时间	65 岁以上
病因	尚不清楚，但基因、头部外伤、抑郁症、高血压会提高得病概率
疾病是否需要长期治疗	是
患者数量	2015 年全球患者约为 2 980 万人 [1]

[1] GBD 2015 Disease and Injury Incidence and Prevalence Collaborators (2016) Global, regional, and national incidence, prevalence, and years lived with disability for 310 diseases and injuries, 1990–2015: a systematic analysis for the Global Burden of Disease Study 2015. Lancet, 388(10053):1545–1602.

和帕金森病类似，阿尔茨海默病也是一种慢性神经退化疾病。在国内常被称为老年痴呆，因为患有此病的人会从失去最近的记忆开始逐渐恶化，最后连家人都认不出来，常常迷路、无法说话、情绪不稳定，直至生活无法自理，也就是痴呆的症状。实际上，大多数，准确地说是 70% 有痴呆症状的人都是因为这种病。但我们不鼓励用"老年痴呆"这个翻译，因为还有 30% 的痴呆患者的病因并不是阿尔茨海默病。

前面我们提到，得了帕金森病后，如果及时得到恰当治疗，患者还能够有相对充实的生活，而且确诊后往往还有 15 年的寿命。但阿尔茨海默病相对来说更难识别，很多情况下，大多数人会把其早期症状和自然老化混淆。这种病需要通过直接从大脑里提取一些大脑组织来做检查才能确诊。

和帕金森病类似，我们现在并不知道到底是什么导致了阿尔茨海默病。但根据对双胞胎的研究，我们发现它在很大程度上和基因有关，如果家族里有相关病史，后代更有可能患这种疾病。

用核磁共振成像（回看第 28 节）来观察患有阿尔茨海默病患者的大脑，我们能够很明显地看到大脑的体积比常人小很多。下页插图中左边是正常人的大脑的纵截面（也就是从天灵盖往脖子方向切开看大脑的样子），右边则是严重阿尔茨海默病患者的大脑的样子，我们能够看到大脑明显萎缩了。

那到底是什么导致了这种萎缩呢？在显微镜下，可以看到阿尔茨海默病患者的大脑里的神经细胞也和常人不同。在基础篇中我提到过，每个神

经细胞有很多条"腿"，即轴突（回看第 02 节），在大脑中，神经细胞与
神经细胞之间是相连的，这个连接对于很多认知功能，比如记忆、学习、
语言等都非常重要。如果用显微镜观察阿尔茨海默病患者的大脑，我们会
发现大脑里神经细胞之间的连接消失了，而且细胞内和细胞外有一些"脏
脏的东西"。这些脏脏的东西由蛋白质组成，这种蛋白质有个专门的名字
叫作 β- 淀粉样蛋白（amyloid β，又译为淀粉样 β），它们自动聚集在一起。
我们可以用专门的染色剂将这种蛋白质标记出来，再通过显微镜观察，它
们看起来像不规则的斑点，所以说像"脏脏的东西"。在学术上，我们又
称这种斑为"老年斑"——要注意，这是大脑里的老年斑，而不是皮肤
上长的老人斑哦。

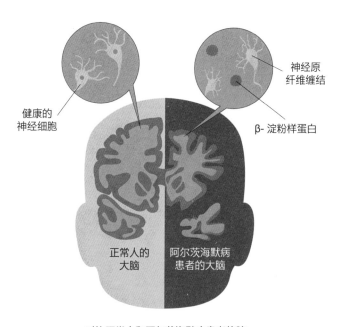

对比正常人和阿尔茨海默病患者的脑

针对阿尔茨海默病，现在还没有很有效的治疗方法，也没有明确有用的预防方法。有研究指出，接受过系统的文化教育 [1] 或学习过外语会推迟发病时间 5 年左右，但不会对疾病恶化速度有任何影响 [2]。还有研究认为长期玩益智游戏，比如象棋，弹奏乐器、外出参与社交会降低发病率，但到底有多少作用，还需要更多研究来确认。

我个人认为阿尔茨海默病是最令人难过的一种疾病。身体是健康的，记忆却在慢慢消失，就像试图用手去止住沙流一般，无论如何努力，沙子也会从指缝中流走，每一粒沙就像是一小段记忆，有可能是一段很普通的记忆，也有可能是一段值得珍视的记忆，但沙流不会因为它们所携带的记忆是否重要而停止，直到最后忘记了身边的人都是谁，也忘记了自己是谁。可能患者自己的感觉尚轻，但他身边人会相当痛苦。阿尔茨海默病本身其实并不致命，但确诊后寿命仅有 3 ~ 9 年。患者在后期完全没有自理能力，需要他人看护，生活质量不高，非常令人难过。

■ 大脑速记

- 70% 的老年痴呆者的病因都是阿尔茨海默病。
- 阿尔茨海默病患者大脑中神经细胞之间的连接消失，出现一种 β-淀粉样蛋白。

---

[1] Paradise M, Cooper C, Livingston G (2009) Systematic review of the effect of education on survival in Alzheimer's disease. International Psychogeriatrics 21(1):25–32.

[2] Craik FIM, Bialystok E, Freedman M (2010) Delaying the onset of Alzheimer disease: bilingualism as a form of cognitive reserve. Neurology 75(19):1726–1729.

不同颜色的丝带代表着什么？

丝带行动

在医学上，为了便于宣传，用不同颜色的丝带表达对某些疾病的关注。你可能知道红色丝带代表艾滋病，粉色丝带代表乳腺癌，那你知道绿色丝带代表什么，翡翠色丝带又代表什么吗？

严格来说，下面所列的丝带所代表的疾病或人群大多都与大脑疾病无关，并不属于本书的范畴。但我在写孤独症的时候发现，很多中文资料对丝带的定义并不准确。所以我详细列出各种丝带的含义，供你参考。

红色丝带象征对艾滋病的卫生教育、防治、治疗、临床研究的支持，同时也代表大众接纳艾滋病患者及照顾艾滋病患者的护理人员。

红色丝带

粉色丝带象征预防乳腺癌，尽早发现乳腺癌是治疗乳腺癌和提高患者生存概率的最佳方式。

粉色丝带

橘红色丝带象征着关注多发性硬化症。患者的大脑或脊髓中的髓鞘（回看第 02 节）损坏，神经细胞无法有效地传递信息，进而导致一系列影响患者大脑和身体活动的问题，包括视力受损、肌肉无力、感知迟钝等。

橘红色丝带

黄色丝带象征关注并帮助有自杀倾向的人群。

黄色丝带

绿色丝带象征关注人们的心理健康。有观点认为绿色丝带代表医疗移植手术，如器官移植、植皮手术等，代表让大家多关心需要器官捐赠的病人，这可能是亚洲地区的特例。在国际上，绿丝带主要是用于倡导大家关注心理健康，因为 18 世纪的英文语境中常用绿色指代精神不正常的人。

绿色丝带

翡翠色丝带象征对乙型肝炎和肝癌的关注和知识普及，以及消除乙肝歧视的标志。

翡翠色丝带

蓝色丝带代表对帕金森病预防及治疗的关注。

蓝色丝带

紫色丝带代表对阿尔茨海默病预防及治疗的关注。

紫色丝带

粉蓝丝带比较少见，和生殖系统或生产有关，

粉蓝丝带

土耳其蓝色丝带

彩色丝带

比如不孕不育、流产、早产、死产。在一些英联邦国家则与婴儿早夭有关。

土耳其蓝色丝带代表戒瘾。也可以用来代表自主神经紊乱、骨癌相关的活动。

彩色丝带值得特别注意，它代表孤独症，最初的设计带有彩色的拼图花纹（如左图上方），但很多孤独症患者和他们的家人非常讨厌这个标志。因为这个标志使用拼图花纹的寓意是，孤独症患者像缺一块拼图，是不完整的。这个寓意本身就充满误解和歧视，孤独症并非是不完整的。有孤独症相关团体重新设计了另一个标志（左图下方），很多人很喜欢，因为它很像数学符号"无限"。虽然还是有一些国家（如中国）会使用彩色拼图花纹的丝带作为标志，但大多数国际组织的网站上不会使用这个标志。

Oh My Brain

本篇小结

- 有不同程度的社交障碍、很难与人互动、喜欢一个人待着、非常刻板守旧
- 一般在两到三岁时被发现
- 阿斯伯格综合征与自闭症相关，但绝大多数孤独症患者都没有特殊的才能，也不是沉默的天才
- 孤独症患者可能缺乏从别人角度看待问题的能力（萨莉与小安测试）
- 用彩色丝带表示

孤独症

- 难以注意力集中、老想动来动去、常有冲动行为、无法控制自己的情绪
- 一般在 12 岁以前开始就有症状，它不是一个单纯的儿童疾病，也会有长期的影响
- 如果患者能够维持注意力，他们在智商测试中的表现不一定比常人差
- 与多巴胺和去甲肾上腺素有关
- 患者的左侧前额叶皮层 (自控) 偏小

注意缺陷多动障碍

我们会这些的疾病

- 让人在阅读和写作上有困难，和智力无关
- 如果内容是声音，就没有任何障碍
- 患者的与阅读相关的大脑区域神经活动较弱
- 除了阅读和写作，可能在做计划和安排上也有些困难
- 患者往往在创造性思维和问题解决能力上很优秀

阅读障碍

- 抑郁是一种负面情绪，让人对事物丧失兴趣、做事都没劲儿
- 抑郁症是一种临床疾病，指一个人连续两周以上陷入严重的抑郁，且影响各方面生活
- 抑郁症不仅仅是长时间心情不好而已，它的反面不是快乐，而是活力
- 与血清素有关
- 当下常见的抗抑郁药大多以提高血清素为目标，但效果很有限且副作用大

抑郁症

- 瘾是一种重复性的强迫行为，明知其有负面影响，却还是难以停止
- 被依赖的事物多种多样
  - 物质成瘾：烟、酒、药物
  - 行为成瘾：性、网络、游戏、赌博、整容、工作、饮食、购物
- 与多巴胺和乙酰胆碱有关
- 有些人的奖励系统不够高效，需要更多刺激，这种情况更容易产生行为成瘾
- 土耳其蓝色丝带表示戒瘾

成瘾

Mental

多重人格障碍

- 一般在 20 ~ 40 岁开始发病
- 患者像身体里住了多个人格一样，而每个人格都发展完整，且有独立的思考模式和记忆
- 病因可能来自儿童时期的心理创伤
- 法律问题：如果一个人格犯了罪，其他人格也应该获罪吗？
  - 精神障碍辩护，即以有精神障碍为理由进行辩护
  - 迄今为止，尚无辩护成功的案例

精神分裂症

- 一般在 16 ~ 30 岁开始发病，青少年时期吸食大麻会提高发病概率
- 和多重人格障碍无关
- 近半数患者不相信自己有病
- 阳性症状：无法分清现实和妄想，会出现幻听、幻视、被害妄想症，产生令人无法理解的思维
- 阴性症状：患者会"缺少一些东西"，包括常见的情绪、想说话的冲动、与人交流的渴望、做事的动力

帕金森病

- 一般在 60 岁左右发病
- 早期四大症状：不自主地颤抖、身体僵硬、运动缓慢、行走不便
- 与多巴胺有关
  - 黑质 (位于脑干) 里的负责生产多巴胺的神经细胞大量死亡，导致多巴胺缺失
  - 主要影响了多巴胺在运动中的作用，使人无法控制身体
  - 40% 的患者身上会影响奖励系统，使其出现淡漠的症状，"懒得去做"
- 用蓝色丝带表示

阿尔茨海默病

- 一般在 65 岁后发病
- 早期症状：失去最近的记忆，变得健忘
- 不要使用"老年痴呆"这个翻译，因为 30% 的痴呆患者病因并非阿尔茨海默病
- 严重的阿尔茨海默病患者的大脑体积比常人小很多
- 神经细胞之间的连接消失，而且细胞内和细胞外出现了一种 β- 淀粉样蛋白
- 用紫色丝带表示

始终对大脑保持好奇，
将会让我们对自己了解更多，
也能帮助我们更有效地
突破人类的极限。

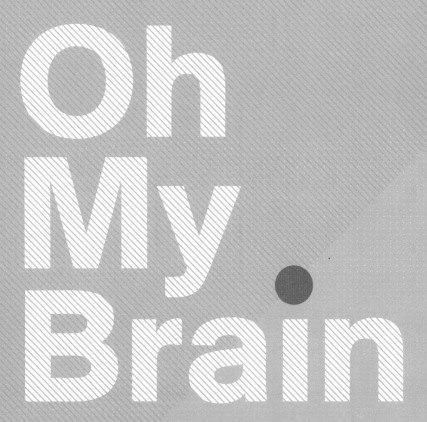

未来・篇

谁说了算？

脑与意识

你能够坚持读到这里，无论能记住多少，你都已经对大脑有了相对全面的了解。如果解答了一些你的疑惑，或启发你产生了新的问题，那本书算是完成了它的使命。在结束之前，咱们来聊聊关于大脑的更复杂或者说一些更"虚"的问题。

相对于前文提到的各种问题和知识，下面问题的答案更不明朗，因为即使有各种实验证据，每个人对证据的看法也见仁见智。关于这些问题，我曾和同龄人聊过，也和比我年长的前辈聊过，有些人觉得很有意思，也有些人觉得非常无聊，有些人认为仅仅思考这些问题就是在浪费时间。但我还是想斗胆聊一聊，如果读到这里的人中有千分之一想继续思考，我就觉得很幸运了。

我们都有属于自己的体验。今天阳光很好，风很大，我站在阳台上，能看到远处公园里一片郁郁葱葱的树林，能听到远方的火车沿着轨道驶来的声音，能感受到风吹在我脸上时的触感，还能闻到隔壁人家飘来的烤鸡的味道。本书的五感篇已经讲了大脑是如何产生和影响这些体验的。

我们也都能感受到各种各样的情绪。当我受到长辈的肯定时，我非常振奋，感觉自己既快乐又充满干劲。当外面下着小雨时，雨滴淅淅沥沥地拍打着窗外的紫藤萝，我看着这个场景，就觉得心里很平静。情感篇也讲了大脑是如何产生各种情绪，情绪又如何反过来影响大脑的。

我们能控制大脑去做各种复杂的工作，比如掌握一门语言、熟练地弹奏一种乐器、做各种各样的抉择，大脑甚至还可以在我们无意识的情况下做复杂的工作，比如做梦。这些我们在情感篇、学习篇都已提及。

说了这么多，我们似乎一点儿都没有怀疑一点：是"我"在体验、是"我"在感受、是"我"在做事，无论是控制自己的身体，还是做决定、做梦，都是"我"做到的。那我就是大脑，大脑就是我吗？是我控制了大脑，还是大脑控制了我呢？谁说了算？

本书处处都在讲大脑，从基因、大脑里的细胞、细胞之间的化学物质，到一个个大脑的区域，这些都是实实在在存在的物质。到此为止，我一直在用"我的大脑"和"我的身体"这样的词汇，我相信你也没觉得这有什么不对，但我觉得有一个奇怪的地方：真的可以轻松地将"我"和它们分开来看吗？

那"我"是谁呢？这些物质到底是如何形成了"我"这样一个精神概念的呢？

你可能会说，感知、情绪和认知都相对独立，完全可以用物质来呈现。这与我们用计算机里的 1 和 0 就能做到让机器识别人脸是一个道理。（下一节我们会专门讲人工智能。）

等等，那你又怎么知道，你看到的绿色和我看到的绿色是一样的呢？你真的能想象"我"的感受吗？更极端一点，你能想象当一只章鱼是什么感觉吗？

这些问题我都无法给出合适的答案，短时间内科学界也不能给出完美的答案。这些问题其实都围绕着一个根本问题：什么是意识？

澳大利亚哲学家戴维·查默斯（David Chalmers）认为这是意识的"难题"（the hard problem of consciousness）。这个"难题"，将其与其他"简单的问题"区分开来。什么是相对简单的问题呢？本书前面的所有问题，都是简单的问题。因为那些问题和相关的现象，是可以用客观的科学方法弄明白的，只需要说明它们的机制就可

意识
consciousness

科学家暂时还不能给意识一个确切的定义。目前，我们将"我"觉察到周围环境和"我"本身的状态叫作意识。所以在学术界，我们又把意识称为 awareness。

以。正如前文我举的一个例子：人能识别人脸，我们总能够发现人脑是怎么识别人脸的，甚至造一个遵循同样原理工作的机器，然而人的主观体验是最难解释的，所以被称为"难题"。我们理论上能把所有的"简单的问题"都研究透彻，但对"难题"可能一无所知。

我们先将"我"和"我的大脑"的关系抛开，那么"我的大脑"和"我的身体"之间是什么关系呢？

可能你会觉得是简单的从属关系，即大脑控制身体。

其实，不完全是。

大脑通过分析身体周围的信号（包括视觉、听觉、触觉等）来评估我们身处的环境、要怎样做出合适的反应。但是，我们似乎忽略了一个事实：我们的大脑是位于我们的身体之中的。

当你看到这句话的时候，你会感觉得到自己是不是心动过速、皮肤有没有冒汗、身体总体来说是否舒适等。无论我们是否意识到，身体确实一直在影响我们感知自己和身边的世界。这句话可能像句废话。我想表达的是，除了常见的五感，我们常常会忽视一些细微的、我们没有意识到的身体变化，如心跳加速、瞳孔放大、体温升高。这些身体的变化也有可能会改变我们的认知。

举个例子，在做决定时，有时我们对这个决定非常有信心，有时我们并不是非常确定。譬如，左侧这个圆的颜色是蓝色吗？

只要你不是色盲，肯定会很确定地说"是"。

那右侧的圆的颜色是不是蓝色呢？

蓝色还是绿色

准确地说，它是薄荷绿色的，那它算绿色还是蓝色呢？很明显，信号本身离锁定标准的偏差值会影响我们决定的"确定性"。

那么在做决定前，我的心率、瞳孔的变化，会不会也影响这个"确定性"呢？

即使你没有意识到心率和瞳孔的变化，它们也会影响你当下所做决定的确定性。以上文判断是否为蓝色这个问题为例。对于左侧圆的颜色，你100% 确定是蓝色。但如果你在看颜色之前心跳加快、瞳孔放大，在看了同样的颜色之后，你的确定性会降低。对于右侧圆的颜色，你本来只有

50% 的把握确定是蓝色，但如果在看之前心跳加快、瞳孔放大，你对这个颜色是蓝色的确定性反而会增加。

当然，这里只是用"是不是蓝色"这个极简单的问题来打个比方，如果用这个问题来做实验是看不出效果的。在真正的实验中，我们要用更加容易被精准控制的任务来进行测试，当然它也会更加无聊和复杂，不过可以很精准地测量出判断的确定性。

你可能会问：在实验中是如何迅速提高心率和放大瞳孔的呢？

有一种办法是，在开始任务之前，迅速给被试展示一张"恶心"的脸部照片，快到他们根本没法注意到有那样一个恶心的表情，这样就能够很快地让人产生生理性兴奋，进而提高心率和放大瞳孔。这个恶心的表情只需要放 16 毫秒（1 秒等于 1 000 毫秒），后面立即跟着一张同一人的无表情照片。这样，即使大脑看到了恶心的表情，被试也不会意识到。

那为什么恶心这个表情如此让人兴奋呢？从进化心理学的角度来看，恶心这个表情是一个非常强的信号：有什么东西出现问题了！往往令我们恶心的东西——坏掉的食物、腐烂的尸体、浓郁的血腥味……会威胁健康，所以它能够迅速引起生理变化。

虽然许多人（包括我）思考这类问题的动机完全是出于好奇，但探索这类问题也能让我们在更加实际的问题上得到一些启发。比如，上面提到的这个发现——心跳加快和瞳孔放大会影响我们对决定的自信心，它为一些精神疾病展示了新的思路：我们在上一部分中提过的药物上瘾、抑郁症、精神分裂症等临床疾病往往会带来各种生理变化，包括心跳加快、怕光等。以前我们总认为是大脑生病才会让病人感到周边世界变得古怪，但会不会是相反的关系呢？会不会这些疾病带来的生理变化也会加剧病人的大脑的感知变化呢？这些问题现在都不得而知，还需要我们继续探索下去。

如果你想对有关"意识"的问题了解更多，我推荐阅读两本书。第一本是安东尼奥·达马西奥的《笛卡尔的错误》（*Descartes' Error: Emotion, Reason and the Human Brain*），建议你看 2018 年由湛庐策划，北京联合出版公司出版的那个版本。第二本是苏珊·布莱克莫尔（Susan Blackmore）的《意识新探》（*Consciousness: A Very Short Introduction*），这是牛津通识系列中的一本，由外语教学与研究出版社（简称外研社）出版，是双语的，非常适合用于练习英文科学文献的阅读。

■ **大脑速记**

- 什么是意识，这是一个目前无法给出答案的难题。
- 心率和瞳孔变化会影响人的判断。
- 疾病带来的生理变化或许会影响病人的大脑感知。

什么是人工智能？

人工智能

有时候我觉得很困惑，为什么很多人没意识到我们的大脑有这么神奇呢？人类的大脑是我们已知宇宙中最复杂的东西。

在本书的最后，我想换个角度来看我们的大脑——人工智能（artificial intelligence），将世界上最强大的电脑和我们自己的大脑做个比较。

"人工智能"这个词实在是太火了。人工智能又称机器智能，是拥有智能的机器，而这个机器是由我们人类制造出来的。这个机器可以用实际的物质，比如金属、塑料这样的材料制作而成，也包括看不见又摸不着的电脑程序。

可能等你到我这个年龄，或是等你的小孩跟你现在一样大的时候，人工智能会变得更成熟一些。你看到这句话可能会觉得莫名其妙，什么叫"变得更成熟一些"？难道现在还不成熟吗？当然。无论我们现在看到多少新闻，抑或有多少公司号称自己有人工智能技术，人工智能都还处于新生儿阶段。这么说可能会有些令人惊讶，但这是真的。不过，即使它还只是处于新生儿阶段，我们也能够看到它的巨大潜力，已经感受到它给我们的社会和生活带来的变化。当它变得更成熟一些时，它一定会从根本上改变世界的运行机制。

很多人在粗粗了解了人工智能后，会忍不住畅想未来，但包括科幻作家在内的不少人常会对人工智能产生两种误解。第一类误解来源于没有充分理解什么是人工智能，还是认为人才是世界的主宰。第二类误解是对人工智能如何运作缺乏概念，动不动就觉得人工智能会一下子意识觉醒，但智力水平并没有高于人类，甚至比人类笨拙。恰好我的硕士学位专业是计算机科学，所以我对人工智能有些许了解。无论从计算机的角度来看，还是从神经科学的角度来看，让机器获得意识都极其困难，但是让机器的智能超过人类不难。只要对它有一个基本认识，我们的思维和讨论就不会被局限于科幻般的想象中，也能够挣脱因未知而感到的恐惧和担忧。

开头我们说到了人工智能的粗浅定义：拥有智能的机器。那机器的智能和我们人类的智能到底有什么区别？

要想回答这个问题，"拥有智能的机器"这个定义就不够用了。让我将这个定义变得更具体：人工智能拥有能从外界世界接收数据，从这些数据中学习而获得知识，并利用这些知识通过灵活适应实现特定目标和任务的能力。人工智能是一个可以观察周遭环境并做出合理行为以达到目的的计算机系统。

　　我虽不能一一详解现在的人工智能都能做什么，但可以举两个重要的例子。一个例子是用决策论（decision theory）来帮助医生更有效地做医疗诊断。决策论是什么？当你面临多个涉及风险程度不同、期待收益不同的情况，它可以从数学的角度来提供最优的决策方案。另一个例子是机器学习（machine learning），你姑且可以理解为，它是一个计算机系统，能够通过从数据中学习规律来做更为准确的预测。现在很多软件的推荐功能（就像淘宝里的"猜你喜欢"功能）都用这样的系统，在金融领域可能会使用更强大的应用，比如投资银行可以利用机器学习、计算机模型和概率统计来做出更好的金融决策。

　　我列举一些例子来帮助大家理解机器学习能做什么：

人工智能
artificial
intelligence

———

一个可以观察周遭环境并做出合理行为以达到目标的计算机系统。

输入机器的数据	机器输出的反应	应用
一张图片	图片里有没有人脸？（0 或 1）	标记图片
某人的头像	是不是赵思家？（0 或 1）	人脸识别
一段音频	音频中的文字	语音识别
广告栏 + 用户的信息	用户会点击广告吗？（0 或 1）	有针对性的线上广告
一句中文	中文翻译成英文	翻译
飞机引擎中的感应器	引擎会出现什么问题？	预防性维护
汽车上的照相机和其他感应器	周围汽车的位置	自动驾驶

　　我认为，只要能做到下面几点就是人工智能：（1）能够自动从我提供的海量数据中识别出某种规律（这个规律可能是从几个标准答案中选出来的）；（2）能够以此为由向我做出合理反馈（如果随机给出反应，那肯定不能算是人工智能）；（3）最重要的是，它不是一成不变的，能够适应我的变化。这里的"我"，可以是周遭世界，可以是一个人的行为（比如购买、考试），也可以是一群人的一个行为。

■ 大脑速记

- 机器人获得意识是极其困难的。
- 人工智能可以帮助医生更有效地做诊断。
- 淘宝能猜出你喜欢的商品，也是人工智能的杰作。

技术奇点何时到来？

强人工智能

上文我提到了人工智能的一个定义：人工智能是一个可以观察周遭环境并做出合理行为以达到目的的计算机系统。

看了这个定义后，你是不是觉得有些失望？这就是人工智能吗？怎么感觉这么不高级呢？这样的东西怎么可能会是对人类有威胁的呢？

是，也不是。其实，"可以观察周遭环境并做出合理行为以达到目的"这个定义也能够用来形容任何拥有智慧的生物。我为什么在读完神经科学的本科后，又去读了计算机科学的硕士？其实就是觉得从某个角度来看，人的大脑就像个机器，只不过是用有机物做的罢了。

但反过来想，如果一个机器能够与人无异，那说明它已经完全是"超人"了。为什么？原因有很多，但最简单的解释是，人的智能有三个硬伤：有限的注意力、有限的记忆力和有限的沟通能力。我们能够理解的东

强人工智能
strong artificial
intelligence

一个假想的概念。这种人工智能具有和人同等甚至超越人类的智慧，同时能像人一样表现所有正常人拥有的智能行为。能做到在智慧上全方位地与人无异，甚至超越人，那就是强人工智能。

技术奇点
technological
singularity

未来会发生一件不可避免的大事，在这次大事件中，技术和知识将会在极短时间内产生极大的进步，而这次大事件叫作技术奇点。

西，必须是能用自然语言讲出来的。如果机器永不疲惫、信息储存没有上限、其思考还不需要局限于自然语言，能够自由学习，那它绝对已经"超人"。即使是发明它的人，也无法不被它超越。从这个角度来说，人类没什么特别，没什么不可被替代的。

这种与人无异的机器，被称为"强人工智能"（strong artificial intelligence），或"通用人工智能"（artificial general intelligence），也被认为是人类的技术奇点。

什么是技术奇点？这是一个根据技术发展史总结出来的观点，就是未来，或早或晚，会发生一件不可避免的大事，即技术和知识将会在极短时间内产生极大的进步。就如库茨维尔所说的"不再经历进化，而是要经历爆炸"。在这个转折点之后，人类世界的所有规则都会被重新洗牌，身处旧世界的我们无法理解甚至想象新世界的科技和文明，"就像金鱼无法理解人类的文明一样"。

越靠近这个奇点，人类的变化就会越大，虽然大致上这个变化是逐渐、持续发生的，但很有可能即使靠近它时，人类还是会觉得非常惊讶，难以消化，无法立即接受它。

我们现在所接触的人工智能都只是"弱人工智能"罢了，因为再妙的算法，也只能处理特定的问题。

每次提到人类智能和人工智能，我都喜欢说这么一句话：人脑与机器有根本性的不同，因为机器的设计和目标都是解决特定的问题，而我们的大脑则是"均码"的，用于解决（所有）未知的问题。我们现在的大脑其实和几万年前的大脑区别不大，出生之后我们需要学会解决的问题却有了天翻地覆的区别。

上面这段话也有很大的局限性，因为机器的界限已经变得越来越模糊，现在的人工智能没有人的认知能力，只是看起来像智能罢了。但是人工智能终会进入新的阶段，不再局限于解决特定的问题，不仅拥有与人类类似的智慧，甚至进化为更高级的人工智能，也就是"超人工智能"，超越受到有机体限制的人类大脑，解决所有未知的，包括人类也无法解决的问题。

当人类到达这个技术奇点，或说这个奇点撞上人类的时候，我们的身体和心灵都会被淘汰。为了获得更强的竞争能力，身体将会被换上更加结实、灵活的材料，进化为赛博格（cyborg）；心灵也很有可能会随着我们对神经科学的深入了解而被我们自己控制，个体（或者集体）会自愿（或强制）地去掉七宗罪 [1]。

那强人工智能何时到来呢？

---

[1] 七宗罪：天主教的七宗罪，即傲慢、嫉妒、愤怒、懒惰、贪婪、暴食和色欲。

赛博格 cyborg

用机器改造后的人，准确地说是将一些机械植入或是装配在生物（比如人类）的身体之上，以达到增强生物体的能力的目的。比如穿戴式装甲就是赛博格的一种。与机器人不同，赛博格本质上还是生物，所有的思考和动作都是由生物控制的，装甲只是用来提高能力。

谷歌首席未来科学家雷·库兹韦尔（Ray Kurzweil）在采访中曾经给出精确到年份的预言："2029 年，人工智能将会达到人类智能水平。2045 年则是奇点，在那一刻，超过我们当下已有的十亿倍的智能将会出现。"日本软银首席执行官孙正义则说超人工智能将会在 2047 年前出现。

我简单地搜索了一下，各位专家的预测时间大多都在 2025 ~ 2070 年，平均数和众数是 2040 ~ 2050 年。你可以算算你到时候多大了，估计大概就是你成家立业的时候，而我大概快到更年期了。在经历更年期的同时还要面临奇点的震荡，真是太可怕了。

先不要崩溃，虽然这都是专家大佬们说的，但我还是觉得这些年份夸张了一些。纵观人工智能发展的历史，从 20 世纪 50 年代开始，人工智能就不断陷入热潮和低谷的循环。每一次人工智能突破所带来的热潮大多带来了失望，在很大程度上这种失望就来自科技胜利所导致的夸张膨胀的预测。

人工智能是一个根植于多个领域的产业，计算机科学、数学、神经科学、材料学，就好像木桶盛水一样，它会被短板所局限。神经科学现在迅速发展，但也还处于嗷嗷待哺、需要其他多个领域的技能涌入才能实现突破升级的状态。因此，想要真正准确预测奇点到来时间的人需要有能力总汇这些领域中的内容，但就我所知，现在业界最有名的、做出类似预测的专家所学都难以覆盖这几个领域。这种全才只有在我们这代人，甚至可能要等到你们这一代成长起来后，才会出现。

直到今日，人工智能还是无法理解图片，无法拥有好奇心去自行探索。为什么这些很重要呢？因为没有这些人类的认知能力，人工智能只能局限于已见过的信息和知识。而我们连人类是如何有好奇心、如何理解世间万物的都不知道，又怎么能够建出拥有类似功能的机器呢？全靠运气吗？

但话又说回来，虽然我觉得强人工智能不大可能和我的更年期同时到来，但能够明确的一点是，在你我的有生之年，这个世界将会被我们当下无法想象的技术彻底改变。

届时，我们或已经习以为常、做好准备，或整个世界都被突然涌入的新技术打得措手不及。至少我希望，你不要温和地走进那个良夜。

■ 大脑速记

- 技术奇点到来之时，不是经历进化，而是要经历爆炸。
- 人工智能要想达到人类智能水平，起码要具备读图能力、拥有好奇心。

机器人与人的区别是什么？

人的本质

机器的智能和我们人类的智能到底有什么区别？

咱们先从硬件上做个直观的比较：人类大脑与当下最强大的超级计算机相比，二者有何差异？从硬件上来看，有两个非常令人在意的区别：能量消耗和信息处理速度。

1. 能量消耗。如果大脑的处理速度可以叠加，那只需要四个灯泡的耗能，就可达到超级计算机的处理速度。这是现在的人类科技想都没法想的。

2. 信息处理速度。其实大脑的处理速度到底是多少，这个数据是很不准确的，我给大家提供一个最常见的数据——22 亿 megaflops[1]。大脑真实的信息处理速度应该比现在估算的更高。因为越来越多的研究发现，无论你

---

[1] flop 是一个用来估算电脑效能的单位，指的是每秒所执行的浮点运算次数。megaflops = 每秒百万次浮点运算。

在做什么、注意力在哪儿，大脑都会一直自动地分析来自四面八方（各种感官）的信息。这些信息不仅不占用注意力，甚至都不会使你产生意识。但大脑会自动将声、光、温度、触感等感知信息处理成我们一直习以为常的"真实世界"。这个感知过程发生在每时每刻而且毫无痕迹、无知无觉，如果要把这些创造"现实"的信息流也算进去，那肯定会超过 22 亿 megaflops。

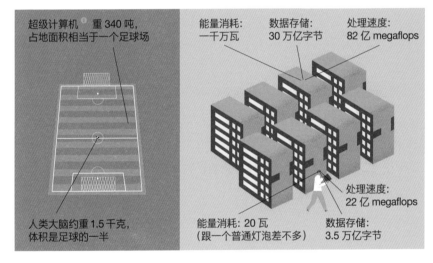

超级计算机 ❶ 重 340 吨，占地面积相当于一个足球场

人类大脑约重 1.5 千克，体积是足球的一半

能量消耗：一千万瓦

数据存储：30 万亿字节

处理速度：82 亿 megaflops

处理速度：22 亿 megaflops

能量消耗：20 瓦（跟一个普通灯泡差不多）

数据存储：3.5 万亿字节

超级计算机与人脑的差异

但这么比肯定是不公平的，毕竟我们不可能把大脑放在一个足球场一般大的房间里，用 22 亿 megaflops 的速度做高速运算，地球上所有人一起计算都达不到这个速度。那机器在哪些方面有绝对优势呢？

---

❶ 这里的数据来自 2011 年世界上最快的计算机（日本理研推出的"K Computer"）。

1. 机器没有那么多决策偏见。相比于机器，人学什么东西都挺快的，那是因为我们会触类旁通，可以从过去学过的东西里吸取经验，而不是从头再来。但是在这一过程中，过去学习到的东西就很容易成为"偏见"。

2. 机器的执行速度快。在同等准确率下，一个医生的诊断大概需要几分钟，而机器在同样的时间里都做了上百万次了。

3. 机器能够无休止地运行。人会无法抑制地感到疲惫，无法长时间保持注意力集中。而只要硬件没问题，机器不可能停下来地休息。

其实机器的这三个优点也正好反映了人类大脑的缺陷，那就是大脑需要同时做的事情太多了，而且我们对它并没有完整的控制权。无论我现在在做什么，无论工作、游戏还是睡觉，我的大脑所消耗的大多数能量其实用在了其他任务上面，这些任务中就包括对身边环境维持一定的警觉，一旦发现危险就要做好准备逃跑（战斗或逃跑反应，回看第 24 节）。

说到这里，我们好像还没有给"智能"下一个定义。形容一个事物有智能，无非是说它在面对一个或多个问题时，能够及时做出合理的反应。所以，在一定程度上讲，智能就是面对问题给出答案。恰是在这一点上，机器和大脑有着根本区别：机器的使命是解决一个问题，答案可以有无数个，只要做到最好、最快、最省就好；而大脑的使命是，在未出生之前就用一个答案去面对无数未知的问题。这就是关键，大概也是生物与非生物之间的最后界限。

不知看到这两者的区别之后，你会有怎样的思考。可能有人会思考一个很现实的问题：很多人做的工作将会被人工智能替代，（未来）我的工作会不会是其中之一？还有些人可能会看得更远：如果机器能做人类能做的所有工作了，那我们的下一代、下下一代、再下下一代，到底要学什么，怎么学才能学之有用？再宽泛一点说，我们应该用怎样的教育来适应人工智能的飞速发展？

我们在训练机器的时候，就是以"如何完成一份已知的工作"为目标的，那我们是不是应该用同样的目标来培养人呢？相比于这个快速变化的世界，我们的大脑相当古老。在过去的几万年里，我们的大脑就没怎么变过。那是什么让我们能够胜任几万年前的人想都想不到的工作呢？

我在 2010 年上大学选专业的时候非常苦恼。当时我在杂志上看到一个数据，给我启发很大：我们这一代的工作岗位，80% 都是在我们读书时父母和老师想象不到的。同理，我们也无法预知下一代人会做怎样的工作。我没有找到这个数据的来源，但无论这个数据到底是真是假，有一点毋庸置疑：教育的本质，不是告诉一个人如何完成一份已知的工作，而是培养他有能力胜任，甚至创造出教育者本身都不知道的一份工作。那应该怎样才能做到这一点呢？

人天生总是会"想要"些什么，机器再能干，也没有这份"想要"的冲动。这里说的"想要"，"想"就是好奇心（curiosity），而"要"就是动机（motivation）。

我想要吃上肉，但我拳头不够硬，那就找个石头扔；如果担心扔出去就找不到了，可以绑个绳子再扔；如果先甩一下再扔出去，石头会更有杀伤力。我想要跑得更快，但我的肌肉再强壮也强不到哪儿去，那就发明轮子、发现燃料，创造车这样的代步工具。我想要舒舒服服地躺着把钱挣了，那就发明不知疲倦、没有自由意志，而且工作做得快又准的机器来帮我完成。

这就是人与机器的不同，这就是为什么人与机器之间的关系并不是"先有鸡还是先有蛋"那样的关系，而是简单明了的，肯定是"先有人才有机"。

我觉得，教育应该能够激励人，激发人找到自己努力的原因，让人产生一种内在的驱动力，使我们能够自主地朝着目标前进。更重要的是，人不仅要能维持追求这一目标的行为——坚持，还要能维持心理上对这个目标的渴望——热情。我觉得，教育应该强调"好奇心"，不只是给做出正确答案的人以肯定，更应该激励那些提出新问题的人。

最令人好奇的是好奇本身。

人之所以为人，就是因为我们有好奇心。我们对火的好奇，让我们吃上了熟食；我们对天空的好奇，让我们在发明飞行器后仅用了半个世纪就登上了月球；我们对大脑的好奇，将会让我们对自己了解更多，甚至能帮助我们更有效地突破自己的极限。

■ **大脑速记**

- 人工智能没有偏见，执行速度快，不用休息，这都是人脑不具备的。
- 人之所以为人，是因为我们始终充满好奇心。

Oh My Brain

本篇小结

我与脑

- 深入思考你和你的脑
  - 我就是大脑，大脑就是我吗？
  - 是我控制了大脑，还是大脑控制了我？
  - "我"是谁？
- 深入思考身体和脑
  - 我的身体完全被我的大脑控制吗？不完全是
  - 身体的变化，能够影响我们的判断
- 深入思考意识
  - 意识的难题：什么是意识
  - 意识的简单问题：感觉、情绪、学习……

我们的未来

人与智能

- 机器的智能和人类的智能的区别
  - 人的优势
    - 人类的智能非常节能。大脑的日常运作只需要每日三餐和一些水，这完全秒杀超级计算机
    - 信息处理速度很快
  - 机器的优势
    - 没有决策偏见
    - 执行速度快
    - 不用休息
  - 生物与非生物之间的最后界限可能就在人和人工智能之间

科技与
未来

the Future

- 什么是人工智能（AI）
  - 简单的概念：人工智能是拥有智能的机器或程序
  - 具体的概念：人工智能是一个可以观察周遭环境并做出合理行为以达到目标的计算机系统
  - 人不会永远都是机器的主宰
  - 让机器获得意识极其困难，但让机器的智能超过人类并不难
  - 现在的人工智能能做什么
    - 例子1：帮助医生更有效地做医疗诊断
    - 例子2：机器学习，通过从数据源中学习规律来做更为准确的预测，如淘宝里的"猜你喜欢"

- 什么是技术奇点
  - 未来会发生一件不可避免的大事，在这次大事件中，技术和知识将会在极短时间内产生极大的进步。而这次大事件叫作技术奇点
  - 强人工智能即类人或超人机器的出现，很有可能就是技术奇点
  - 虽然世界变化会越来越快，但技术奇点不大可能在近几十年内出现

Oh My Brain

后　记

　　现在已是 2021 年深秋。一不留神，落叶已散落满地，给学院庭院里的秋花带来不小的"困扰"。

　　这本书写了两年，写完后，出版团队又花了一年来仔细修改和制作。其间，世界和我都发生了意料之外的巨大变化。在疫情期间，我来到牛津大学，开始研究新冠肺炎对病人的影响。

　　其实做这个研究完全是临时起意。2003 年非典（SARS 冠状病毒）疫情发生时，我才 11 岁。上中学后，我偶尔看到关于非典的后续研究，知道即使病人完全康复，不再有任何呼吸系统的症状，也可能会有认知上的变化，比如在平日里感到非常疲惫或是无法集中注意力。当时我就觉得很奇怪，为什么一个肺部的疾病，会影响到大脑呢？

　　当 2020 年初新冠疫情发生的时候，我立马想到了中学时看到的那些报道。于是我"恶补"了非典方面的论文，发现了当时研究的局限性。2003 年的非典疫情集中发生在东亚地区，范围较小，当时关于非典对患者认知方面的影响研究也很少。考虑到非典与新冠肺炎两种疾病的相似性，我着手研究了这样两个问题：第一，人的认知能力是否会受到新冠肺炎的影响；第二，如果会，那这种影响是否会随着肺炎的康复而消失。从现阶段的研究成果看来，对于第一个问题的答案是肯定的，但原因尚不明确。对于第二个问题，答案也是比较肯定的，但康复时长、人与人之间的区别等都还是未解的问题。

虽然这么说有些马后炮，但如果我在中学时没看到那些关于非典的报道，我也无法在疫情发生的第一时间将新冠和认知能力联系起来，大概现在这些研究也和我没什么关系了。

常言道"书到用时方恨少"，其实更普遍的情况是，我们不知道自己书读少了，因为我们不知道自己不知道的有哪些。

也不知这本书会在年轻的你心里留下什么种子。我很期待呢。

最后的最后，我要俗套地进入致谢环节。

首先，我要谢谢我的先生。他是我的爱人、我的朋友、我的生活伙伴、我的啦啦队，兼一名无情的催稿人。写本书时，恰逢我们的女儿如饴出生。他负担起了全部的家务和育儿工作，让我能心无旁骛地工作和写作。啊，当然，以后也是由他负责。

同时，我要郑重感谢这本书的制作团队。我一直以为自己是个认真的人，但湛庐编辑的 excelsior（拉丁文，意思是"even higher"，可以翻译为精益求精）让我佩服。是她们的专业、认真和坚持让这本书脱胎换骨，让它成为现在令我们骄傲的模样。真的希望我们看到的每本书的背后都能有这样一个可靠且强大的出版团队。

　　当然，也要感谢你，我亲爱的读者。谢谢你看到这里。我们有机会再见！

赵思家

2021 年 10 月 25 日正午

于英国牛津

未来，属于终身学习者

我这辈子遇到的聪明人（来自各行各业的聪明人）没有不每天阅读的——没有，一个都没有。巴菲特读书之多，我读书之多，可能会让你感到吃惊。孩子们都笑话我。他们觉得我是一本长了两条腿的书。

——查理·芒格

互联网改变了信息连接的方式；指数型技术在迅速颠覆着现有的商业世界；人工智能已经开始抢占人类的工作岗位……

未来，到底需要什么样的人才？

改变命运唯一的策略是你要变成终身学习者。未来世界将不再需要单一的技能型人才，而是需要具备完善的知识结构、极强逻辑思考力和高感知力的复合型人才。优秀的人往往通过阅读建立足够强大的抽象思维能力，获得异于众人的思考和整合能力。未来，将属于终身学习者！而阅读必定和终身学习影形不离。

很多人读书，追求的是干货，寻求的是立刻行之有效的解决方案。其实这是一种留在舒适区的阅读方法。在这个充满不确定性的年代，答案不会简单地出现在书里，因为生活根本就没有标准切的答案，你也不能期望过去的经验能解决未来的问题。

而真正的阅读，应该在书中与智者同行思考，借他们的视角看到世界的多元性，提出比答案更重要的好问题，在不确定的时代中领先起跑。

湛庐阅读 App：与最聪明的人共同进化

有人常常把成本支出的焦点放在书价上，把读完一本书当作阅读的终结。其实不然。

时间是读者付出的最大阅读成本
怎么读是读者面临的最大阅读障碍
"读书破万卷"不仅仅在"万"，更重要的是在"破"！

现在，我们构建了全新的"湛庐阅读"App。它将成为你"破万卷"的新居所。在这里：

● 不用考虑读什么，你可以便捷找到纸书、电子书、有声书和各种声音产品；

● 你可以学会怎么读，你将发现集泛读、通读、精读于一体的阅读解决方案；

● 你会与作者、译者、专家、推荐人和阅读教练相遇，他们是优质思想的发源地；

● 你会与优秀的读者和终身学习者为伍，他们对阅读和学习有着持久的热情和源源不绝的内驱力。

下载湛庐阅读 App，
坚持亲自阅读，
有声书、电子书、阅读服务，
一站获得。

本书阅读资料包

给你便捷、高效、全面的阅读体验

图书在版编目（CIP）数据

我的大脑好厉害 / 赵思家著 . —北京：北京联合
出版公司，2022.5 （2024.6重印）
ISBN 978-7-5596-6119-7

Ⅰ.①我… Ⅱ.①赵… Ⅲ.①脑科学—青少年读物
Ⅳ.①Q983-49

中国版本图书馆CIP数据核字（2022）第052251号

上架指导：科普 / 少儿

我的大脑好厉害

作　　者：赵思家
出 品 人：赵红仕
责任编辑：徐　樟
封面设计：ablackcover.com
版式设计：湛庐CHEERS 张志浩

北京联合出版公司出版
（北京市西城区德外大街 83 号楼 9 层　100088）
唐山富达印务有限公司印刷　新华书店经销
字数 246 千字　880 毫米 × 1230 毫米　1/32　10 印张　1 插页
2022 年 5 月第 1 版　2024 年 6 月第 4 次印刷
ISBN 978-7-5596-6119-7
定价：79.90 元